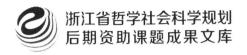

浙江省哲学社会科学规划
后期资助课题成果文库

国际气候援助的
碳排放效应研究

Research on the Carbon Emission
Effect of International Climate Aid

吴肖丽◎著

U0390330

中国财经出版传媒集团
经济科学出版社
Economic Science Press

图书在版编目（CIP）数据

国际气候援助的碳排放效应研究/吴肖丽著.—北京：经济科学出版社，2021.10
ISBN 978 - 7 - 5218 - 2421 - 6

Ⅰ.①国…　Ⅱ.①吴…　Ⅲ.①二氧化碳 - 排污交易 - 研究　Ⅳ.①X511

中国版本图书馆 CIP 数据核字（2021）第 040021 号

责任编辑：宋　涛
责任校对：蒋子明
责任印制：范　艳　张佳裕

国际气候援助的碳排放效应研究

吴肖丽　著

经济科学出版社出版、发行　新华书店经销
社址：北京市海淀区阜成路甲 28 号　邮编：100142
总编部电话：010 - 88191217　发行部电话：010 - 88191522
网址：www. esp. com. cn
电子邮箱：esp@ esp. com. cn
天猫网店：经济科学出版社旗舰店
网址：http：//jjkxcbs. tmall. com
北京季蜂印刷有限公司印装
710 × 1000　16 开　11.25 印张　200000 字
2021 年 10 月第 1 版　2021 年 10 月第 1 次印刷
ISBN 978 - 7 - 5218 - 2421 - 6　定价：45.00 元

前　　言

　　气候变化问题已成为现阶段全球面临的严峻问题之一，并对农业生产、森林生态系统、人类健康及经济增长等多个领域产生了严重影响。人类活动是导致气候变化的主要原因之一，面对全球性的气候变化问题，人类无法独善其身，通过全面合作来协同应对气候变化迫在眉睫。在应对全球气候变化的过程中，国际气候援助被作为全球气候治理的重要政策工具之一，以期对促进受援国实现减缓和适应气候变化发挥重要作用。

　　基于上述现实背景，本书关注到了气候援助的碳排放效应，提出了待研究的核心问题，即气候援助是否真的能促进受援国实现碳减排？本书在清晰梳理气候援助的概念和相关理论基础上，先对气候援助的发展历程和现状进行全面总结，然后在一般均衡模型框架下对气候援助的碳排放效应进行理论分析，再基于静态和动态面板模型实证分析气候援助的碳排放效应及其异质性特征，进一步利用中介效应模型考察气候援助发挥碳减排效应的双重减排机制，最后通过全球环境基金（GEF）对华援助的案例分析就气候援助的碳减排实践展开讨论，进而为全球范围内更好地利用气候援助和中国参与全球气候治理提供有益启示。

　　本书具体的研究内容主要包括以下八章。第一章为绪论，主要对相关研究背景、理论和现实意义、研究内容和方法以及可能的创新之处进行说明。第二章为理论基础与文献综述，包括清晰界定气候援助的概念、回顾对外援助的经典理论、梳理对外援助环境效应的研究历程以及厘清一国或地区碳排放的不同影响因素。第三章为国际气候援助的发展历程与现状，主要从减缓和适应两方面分析气候援助的总体援助趋势、地区及部门分布特征和重点实施领域。第四章为国际气候援助碳排放效应的理论分析，通过构建考虑气候援助、生产最优化和最优碳排放约束量的一般均衡模型，考察受援国碳排放水平如何随气候援助的变化而变化。第五章为国际气候援助对受援国碳排放影响的实证分析，主要基于 1980～2014 年 77 个受援国的国家面板数据，实证分析气候援助对受援国碳排放的影响，并对其中的异质性特征进行考察。第六章为国际气候援助发挥碳减排效应的机制分析，提出气候援助对受援国碳排放具有双重减排效应的内在机制，然后借助中介效应模型对气候援助作用于受援国碳排放的直接减排效应和间接减排效应进行经验检验。第七章以 GEF 为例，分析对华气候援助的碳排放效应。最后的第八章对各章得到的主要结论进行总结，进一步提出相关政策启示，并根据本书的不足对未来研究进行展望。

通过以上研究，本书得到的主要结论具体如下：

第一，气候援助主要涉及减缓和适应气候变化两方面，且两方面气候援助在总体援助趋势、分布特征和主要实施领域等方面存在异同。（1）在总体援助趋势方面，减缓性和适应性气候援助规模均呈现出逐年上升趋势，且都主要流入了非洲、亚洲及美洲地区，以及中低收入、最不发达国家。（2）在主要实施领域方面，减缓性气候援助主要分布于能源、交通运输、建筑、工业等六个部门，通过推广 CCS、BECCS 等低碳技术，以及太阳能、生物能源等可再生能源技术等来提升受援国的能源效率、改善能源结构以及促进可持续的森林管理等；适应性气候援助则主要分布于水资源、海岸带、农业和林业等领域，通过实施相关修复措施、建立自然灾害预警系统等来提升受援国应对实际的或预期的气候变化的能力。（3）气候援助的来源渠道呈现出由公共到私人、单一到多元的发展趋势，同时面临推动发达国家落实中长期援助资金计划等重大挑战。

第二，从基于一般均衡模型的比较静态分析结果来看，气候援助对受援国的碳排放存在减排效应。具体表现为：（1）通过无气候援助和有气候援助下均衡结果的比较静态分析可知，相对于无援助的国家，开放经济情形下有援助的国家碳排放水平较低，即气候援助有助于降低碳排放。（2）在有气候援助的前提下，无论是封闭经济情形还是开放经济情形，受援国的碳排放水平随气候援助的增加而降低。（3）气候援助的碳减排效应还会随着受援国工资水平的提升呈减弱趋势，随环保技术水平的提升呈增强趋势。

第三，从受援国的实证分析结果来看：（1）气候援助的增加显著降低了受援国碳排放强度和人均碳排放，即气候援助对受援国碳排放存在显著的减排效应。（2）在不同碳排放水平下，根据面板分位数回归估计结果可得，气候援助碳排放效应的异质性特征表现为：一定范围内，气候援助发挥出了预期的减排效应，且随着分位点由低端向较高端移动，该减排效应会逐渐增强。(3) 在不同收入水平下,气候援助碳排放效应的异质性特征表现为:气候援助对中等收入和低收入国家的碳排放均产生了显著的减排效应,但对高收入国家的减排效应并不显著。上述实证分析所得气候援助存在碳减排效应的结论,是对理论分析结论的经验验证。(4) 在其他控制变量方面,收入水平与受援国碳排放的关系符合 EKC 假说,贸易开放度和资本劳动比的提升均显著地加剧了受援国碳排放,城镇化水平对受援国碳排放强度和人均碳排放水平的影响存在差异。

第四,气候援助对受援国碳排放存在直接和间接的双重减排机制,且该影响机制能够得到现实气候援助发展的经验支持。(1) 气候援助可通过微观项目的减排监测和增加受援国减排资源等途径,对受援国碳排放产生直接减排效应;还可通过清洁技术优化能源结构,以及通过灰色技术提升能源效率,进而对受援国碳排放产生间接减排效应。(2) 根据中介效应检验及其稳健性检验结果,直接减排效应存在且显著,以及能源结构在气候援助发挥碳减排效应的过程中产生了显著的中介作用,即间接减排效应得以验证。此外,能源效率在气候援助发挥碳减排效应的过程中未发挥出中介作用。(3) 能源结构能够发挥中介作用的原因与发展中国家清洁能源投资的快速增长等因素有关,而能源效率未发挥出中介作用的原因与受援国能源消费情况、技术水平等有关。

第五,GEF 对华气候援助能够发挥出较好的碳减排效应。从已顺利完成的 32 个 GEF 对华援助项目的实施效果来看,基本每个项目都具有较好的减排效果。其中,针对电力、热力生产和供应业领域的相关援助项目的减排效果较为突出,而该行业也是援助项目分布最多的行业。进一步地,三个典型气候援助项目的案例分析再次反映出 GEF 对华气候援助的碳减排效应。可再生能源发展项目、中国节能促进项目和 TNA 项目分别通过促进中国能源结构优化、提升能源效率以及改进相关应对气候变化技术三方面来帮助中国实现碳减排。

基于以上结论,本书从全球范围和中国两个维度,为更好地利用气候援助和中国参与全球气候治理分别提出针对性的政策启示。对全球的启示,包括敦促发达国家切实履行承诺、重视气候援助流向减排潜力相对较大的国家及地区、受援国构建低碳能源体系等内容。对中国的启示,分别从受援国和援助国两个方面得到相关启示,包括进一步吸收双边及多边机构的气候援助、利用多渠道资金来协助其他发展中国家应对气候变化、强化气候变化技术从吸收向输出的转变等内容。

　　与现有研究相比，本书可能的创新之处体现在以下几个方面：其一，将气候援助纳入一般均衡模型中，利用比较静态分析方法考察了气候援助的碳排放效应问题；其二，将双边减缓性气候援助作为气候援助的代理变量，不仅对气候援助的碳减排效应进行了经验验证，还揭示出了不同碳排放水平和收入水平下碳排放效应的异质性特征；其三，借助中介效应模型，对气候援助的双重减排机制进行了经验验证，发现在气候援助发挥碳减排效应的过程中，能源结构产生了显著的中介作用，而能源效率并未发挥出显著的中介作用。

目　　录

第一章

绪　论

第一节　研究背景及意义

一、研究背景

气候变化问题已成为现阶段全球面临的严峻问题之一。根据联合国环境署 2019 年发布的《排放差距报告》①，全球温室气体（greenhouse gas，GHG）排放量在过去 10 年中以每年 1.5% 的速度增长，在经历 2014 ~ 2016 年的短期平稳后，2018 年的温室气体排放量达 553 亿吨 CO_2 当量，再创历史新高。在上述排放持续增长的趋势下，全球温室气体在短期内实现达峰目标存在严峻挑战。与此同时，由温室气体排放导致的温升等气候变化问题严重影响到了农业生产（萧凌波、闫军辉，2019）、森林生态系统（Lindner et al.，2010；吴卓等，2018）、人类健康（Neira et al.，2014）及经济增长（王勇等，2017；罗良文等，2018）等多个领域，且上述影响已得到了全球各界的广泛关注。政府间气候变化专门委员会（Intergovernmental Panel on Climate Change，IPCC）② 于 2018 年 10 月发布的《IPCC 全球升温 1.5℃特别报告》指出，若不全力以赴达成 1.5℃的温控

---

① "排放差距"是指"可能的排放量和需要的排放水平"之间的差距。

② 政府间气候变化专门委员会（IPCC）是 1988 年建立的政府间机构，主要职责为评估有关气候变化问题的科学信息等。

目标，未来将在上述各方面付出更大代价。

诸多证据表明，人类活动是导致气候变化的主要原因之一（潘家华、陈迎，2009；Masih，2010；Cook et al.，2016）。IPCC历次评估报告关于"人类活动是全球变暖的主因"这一判断的可信度也在不断提高。具体而言，IPCC第三次评估报告（2001）指出有66%以上的可信度可以认为人类活动导致了过去50年所观测到的升温效应；IPCC第四次评估报告（2007）通过更为科学的论证认为上述可信度可提升至90%以上；最新的IPCC第五次评估报告（2014）进一步指出有95%的把握可以认为人类活动是当前气候变暖的主要原因。不难看出，全球性的气候变化事实已经显而易见，人类对气候系统的影响毋庸置疑，且影响程度正在不断扩大。因此，面对全球性的气候变化问题，人类无法独善其身，通过全面合作来协同应对气候变化迫在眉睫。

众所周知，气候变化是一个全球性问题，同时应对气候变化还具有公共产品属性，因此需要国际社会协同合作来应对气候变化。从1992年通过《联合国气候变化框架公约》（*United Nations Framework Convention on Climate Change*，UNFCCC）（以下简称《公约》）到1997年通过《京都议定书》，再到2015年通过标志性的《巴黎协定》，气候变化问题受到了社会各界越来越多的重视，且全球气候治理也在随之逐步推进。对此，国际社会正致力于通过多种手段来应对气候变化，包括通过设立相关气候资金机制、推动碳市场建设、建立相关损失和损害机制、落实国家自主贡献（nationally determined contributions，NDCs）等途径尽可能地减缓和适应气候变化。

的确，应对气候变化是一个经济资金问题。资金是应对气候变化行动的重要保障，资金来源及其管理机制是包括气候公约在内的所有国际环境公约必不可少的组成部分（中国清洁发展机制基金管理中心，2011）。官方发展援助（official development assistance，ODA）为减缓温室气体排放等而进行的气候援助早在20世纪50年代就已存在（Michaelowa and Michaelowa，2012）。在此基础上，《公约》基于历史排放责任以及"共同但有区别的责任"原则等设立了一个以赠予或转让为基础的资金机制，用以帮助发展中国家、小岛屿国家及最不发达国家有效应对气候变化。在2009年的哥本哈根气候大会上，发达国家承诺在2010~2012年期间每年给予300亿美元作为"快速启动资金"以帮助最不发达国家及气候脆弱性国家抗击气候变化。同时，发达国家还承诺到2020年前每年筹资1000亿美元资金来帮助发展中国家应对气候变化。根据 OECD 统计，2017 年发达国家向发展中国家所提供的气候援助达 545 亿美元[①]。那么，气候援助的实际效果如何，真的如所预期那样有助于受援国实现碳减排吗？该问题值得深入探讨与分析。

除是经济资金问题外，应对气候变化还与经济结构调整密不可分。一方面，气候援助具体的实施领域与调整能源结构及提升能源效率等方面紧密相关。例如，相关气候援助项目试图通过推动清洁能源发展、将化石燃料转换为低碳化石燃料、提高输电和配电过程的能源效率等具体途径来帮助受援国改善能源结构及提升能源效率。另一方面，调整能源结构及提升能源效率已经成为各国应对气候变化问题的重要途径之一。例如，2019 年中国生态环境部所发布的《中国应对气候变化的政策与行动 2019 年度报告》中，优化能源结构被作为减缓气候变化的重要措施之一，中国试图通过控制煤炭消费总量、推动化石能源清洁化利用、大力发展非化石能源等措施来有效应对气候变化。欧盟的大部分国家也通过主张全面弃煤、弃核以及积极发展可再生能源等手段来实现碳中和。其中，丹麦提出了到 2020 年将可再生能源消费占比提升至 50% 的目标，英国则于 2019 年 6 月重新修订了《气候变化法案》并提出到 2050 年实现净零排放等目标。此外，联合国秘书长在 2019 年 12 月 2 日马德里举行的《公约》第 25 届缔约方大会（COP25）开幕式上发表主旨演讲时也表示："我们对绿色经济不应怀有恐惧，而应当敞开怀抱去迎接这一新的机遇"。那么，气候援助是通过何种机制路径来影响受援国碳排放？气候援助是否可能通过影响能源结构或能源效率，进而对受援国碳排放产生间接影响呢？对此，鲜有研究给予充分关注。

综上，全球性的气候变化问题日益严峻，各国协同应对气候变化与积极参与气候治理的紧迫性毋庸置疑。国际社会正竭力通过建立相关资金机制等措施来有效应对气候变化，其中以气候援助为典型代表。在上述背景下，本书试图回答如下几个问题：（1）何为气候援助？现阶段气候援助的发展现状如何？（2）在理论分析层面，气候援助能促进受援国实现碳减排吗？（3）在经验分析层面，现有的气候援助真的降低了受援国的碳排放吗？上述碳排放效应是否存在异质性特征？（4）若气候援助的确存在碳减

---

① 数据来源于 http：//www.oecd.org/dac/financing – sustainable – development/development – finance – topics/climate – change.htm。

排效应，那么气候援助是通过何种影响机制发挥减排作用的？能源结构和能源效率在其中又会发挥出何种作用？对此，本书拟通过相关理论及实证分析，对上述关于气候援助、受援国碳排放与能源结构或能源效率等一系列问题进行逐一回答。

二、研究意义

（一）理论意义

首先，对相关概念进行界定和区分，不仅是本书重要的研究基础，也能够丰富和发展现有研究。目前，关于气候援助和气候资金这两个概念，均未形成一个可以得到各方认可的概念界定，进而导致两个概念存在混用的现象。在相关研究中，不同学者往往因研究目的等方面的不同，对上述概念给予差异化的界定。此外，由于气候援助和气候资金涵盖内容较为广泛，也使得上述两方面资金的来源渠道存在一定交叉。基于上述背景，本书通过梳理相关文献及气候谈判文件，对气候援助等相关概念进行界定和区分，并从历史沿革的角度概括气候资金的发展历程以期可以更加明确各概念定义之间的区别与联系，能够为相关其他研究的展开提供重要的概念基础。

其次，构建了包含气候援助的一般均衡模型，并进一步对上述理论推导结果进行经验检验，既拓展了对外援助与环境关系的理论研究，也是对现有经验研究的重要扩展。既有文献主要针对对外援助的环境效应展开理论分析，鲜有研究通过构建相关理论模型来分析气候援助的碳排放效应问题。对此，本书构建了包括气候援助、生产最优化以及最优碳排放约束量的一般均衡模型，据此分析气候援助的碳排放效应问题。进一步地，本书使用国家面板数据实证分析双边减缓性气候援助对受援国碳排放的影响，并揭示出了其中存在的异质性特征。

最后，提出了气候援助对受援国碳排放的双重影响机制，揭示出了能源相关因素在气候援助碳减排效应中的中介作用。本书将能源结构及能源效率纳入气候援助的碳减排效应分析中，提出气候援助具有直接减排效应和间接减排效应的内在机制，并对上述双重影响机制进行经验检验。上述研究不仅丰富了气候援助影响受援国碳排放的经验研究视角和结论，也拓展了气候援助与能源相关的交叉研究领域，能够为后续研究从能源等其他维度考察气候援助的影响效应提供可行且创新的分析视角，因此具有重要的理论意义。

（二）现实意义

第一，从气候援助的援助国来看，本书研究结论可为制订有效的气候援助方案提供重要参考及有价值的经验依据。解决资金问题是应对气候变化的关键，根据历史排放责任以及"共同但有区别的责任"原则，发达国家理应对发展中国家等施以援助，而且发达国家也作出了相关气候援助承诺。然而，在实际履约过程中，发达国家推迟出资时间、混淆气候援助来源等行为导致了援助资金的不充分。本书揭示出气候援助真实的碳排放效应"真相"，不仅可解除发达国家对气候援助有效性的疑惑，也有助于提升发达国家的气候援助支持意愿。

第二，从气候援助的受援国来看，本书研究结论同样可为发展中国家更有效地利用气候援助降低碳排放提供重要的指导意义，也能为发展中国家敦促发达国家持续援助提供理论及经验依据。对于经济及技术水平相对落后的发展中国家，高耗能、粗放型的经济增长方式导致其碳排放水平相对较高，进而使得这些国家具有较大的减排资金需求。所以，广大发展中国家希望发达国家尽快落实援助资金承诺，来弥补本国的资金及技术缺口以有效应对气候变化。如何推动发达国家向发展中国家提供充足、持续、及时的资金支持，并提出新的气候援助目标是未来气候谈判面临的重要挑战，而这能够从本书研究中得到相应的答案与支撑。

第三，无论是援助国还是受援国，本书关于气候援助的碳减排机制分析还可为各国将能源转型战略整合到 NDCs 中以实现更大程度的减排效应提供重要的经验支持。国际社会呼吁各国行动起来，通过 NDCs、落实低碳转型等多种手段来实现碳减排。例如，在 2019 年 12 月 COP25 召开之际，有 65 个国家和主要经济体在其 NDCs 中承诺要在 2050 年前实现净零排放。能源碳排放作为全球碳排放的主要来源，各国如何通过改善能源结构以及提升能源效率来实现碳减排值得关注。本书在气候援助的碳减排机制分析中，主要考察能源结构及能源效率在其中所发挥的中介作用，所得结论可为致力于通过能源转型来落实 NDCs 的国家提供重要的经验借鉴。

第四，本书还能够为兼具受援国和援助国双重身份的中国深化应对气候变化南南合作和参与全球气候治理体系提供经验借鉴。中国在应对气候变化的进程中一直扮演着重要角色，在全球生态文明建设及构建人类命运共同体中发挥着特有的"中国作用"。一方面，在发达国家与发展中国家两大阵营的气候谈判中，作为最大发展中国家的中国起着桥梁的作用；另一方面，在应对气候变化南南合作中，中国逐渐实现了从"受援国"向"援助国"的身份转变。所以，本书研究能够为中国持续深化各类应对气候变化合作，更大程度地发挥气候援助碳减排作用提供必要的经验依据，因而具有重要的现实意义。

第二节　研究框架、内容和方法

一、研究框架

本书以理论问题与现实问题相结合为导向，建立起"气候援助如何影响受援国碳排放（what）"到"为什么能实现碳减排（why）"再到"如何更好地利用气候援助（how）"的研究框架，并沿着"文献回顾→现状分析→理论分析→实证检验→机制分析→案例分析→政策启示"的逻辑思路逐一展开相关研究。具体研究框架如下：

第一，在界定气候援助概念的基础上，本书对涉及对外援助的环境效应以及碳排放的影响因素等方面内容的文献进行梳理，发现研究的可拓展之处。为更加明确的了解气候援助，本书对气候援助的发展现状及所面临的挑战进行了分析，为后续的理论与实证分析提供现实基础。

第二，试图建立考虑气候援助、生产最优化和最优碳排放约束量的一般均衡模型，从理论层面分析气候援助的碳排放效应。基于理论模型的结论，实证分析气候援助对受援国碳排放产生的影响，并考察上述影响是否存在异质性特征。

第三，基于理论模型及经验检验的结论，将气候援助、能源结构（效率）、受援国碳排放纳入统一的分析框架下，来系统考察气候援助发挥碳减排效应的内在机制。

第四，以全球环境基金（GEF）为例，考察 GEF 对华气候援助项目的碳排放效应，从多边气候援助和具体援助项目等方面对前文内容进行有效补充。

第五，根据以上理论与实证分析、案例分析结论，得到如何更好地利用气候援助的政策启示。

根据上述主要思路，本书涉及技术路线如图 1-1 所示。

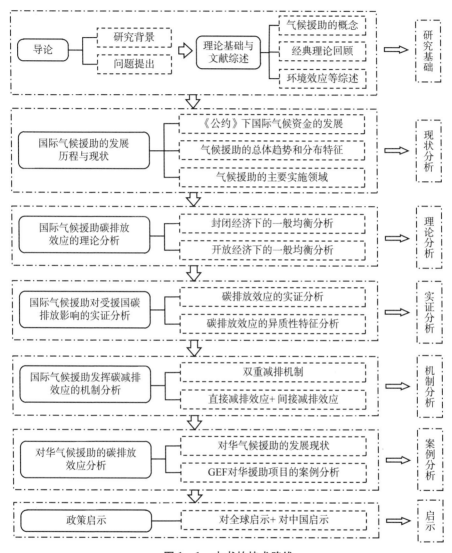

图 1-1　本书的技术路线

二、研究内容

根据上述研究思路，除绪论外，本书的研究内容主要由七章构成，具体安排如下：

第二章：理论基础与文献综述。对相关气候援助概念进行界定，以便更为准确地进行文献梳理。在上述基础上，围绕对外援助的环境效应及碳排放的影响因素两方面研究主题展开文献回顾，并对其进行简要评述。

第三章：国际气候援助的发展历程与现状。在国际气候治理的背景下，首先从历史沿革、基本架构、筹资性质三方面概述《公约》框架下气候资金的发展情况；其次，从减缓和适应两方面，分析气候援助的总体援助趋势、地区及部门分布特征，总结气候援助的重点实施领域。进一步，根据现阶段气候援助的发展现状，总结气候援助未来发展中可能面临的挑战。

第四章：国际气候援助碳排放效应的理论分析。本章构建了考虑气候援助、生产最优化和最优碳排放约束量的一般均衡模型，从理论层面分析气候援助对受援国碳排放的影响。具体而言，在封闭经济及开放经济两种情形下，分别对无气候援助和有气候援助条件下的一般均衡模型进行理论推导，并对比不同均衡状态下受援国碳排放水平的变化情况。进一步，对相关均衡结果求微分来分析受援国碳排放水平如何随气候援助的变化而变化。

第五章：国际气候援助对受援国碳排放影响的实证分析。本章的目标在于对第四章的理论分析进行经验检验。本章基于 AidData 与 OECD - DAC CRS 数据库，利用关键词检索法对双边减缓性气候援助数据进行筛选，结合 WDI 数据库得到了 1980 ~ 2014 年 77 个受援国的国家面板数据。据此，运用静态和动态面板实证分析了气候援助对受援国碳排放的影响，并针对不同碳排放水平和收入水平两个方面做进一步的异质性特征分析。

第六章：国际气候援助发挥碳减排效应的机制分析。基于第五章的经验检验结果，本书进一步从理论和实证两个方面对国际气候援助发挥碳减排效应的机制进行分析。在理论分析方面，提出了气候援助对受援国碳排放的双重影响机制，即直接减排效应和间接减排效应。进一步地，在实证分析方面，基于 AidData、OECD - DAC CRS 和 WDI 数据库提供的 1980 ~ 2014 年 52 个受援国的国家面板数据，利用中介效应模型经验检验气候援助的直接减排效应以及其通过影响能源结构或能源效率可能产生的间接减排效应。

第七章：对华气候援助的碳排放效应分析。本部分在对中国参与全球气候治理概况进行简要分析的基础上，着重分析对华双边气候援助、对华多边气候援助（以 GEF 为例）的发展现状，并进一步对 32 个已顺利完成的 GEF 援助项目的碳排放效应进行分析，最后就三个典型的 GEF 援助项目展开案例分析来进一步讨论相关碳排放效应问题。

第八章：结论与政策启示。对本书各章得到的主要结论进行总结，并提出相关政策启示。进一步地，根据本书研究的不足对未来研究进行展望。

三、研究方法

本书在分析国际气候援助的碳排放效应时，主要运用的研究方法包含以下几方面：

（1）文献解析法。本书通过文献搜集，不仅简要回顾了对外援助的经典理论，还对对外援助环境效应的理论与经验分析、碳排放的影响因素文献进行系统性地梳理，总结得到相关研究领域可能存在的不足与可拓展之处，为本书问题提出、模型构建等研究内容的展开提供了重要的文献基础。

（2）规范分析与实证分析相结合。基于现有文献以及历届气候谈判文件，本书运用规范分析方法对相关气候援助概念进行了界定，并进一步概括了不同概念间的区别与联系。进一步地，通过构建面板数据模型实证分析了气候援助对受援国碳排放产生的影响。

（3）数理建模与经济计量相结合。本书构建考虑气候援助、生产最优化和最优碳排放约束量的一般均衡模型，并探讨了封闭经济及开放经济两种情形下气候援助对受援国碳排放的影响。在计量检验中，分别运用了静态及动态面板分析方法、面板分位数回归来考察气候援助的碳排放效应及异质性问题，并进一步构建中介效应模型来分析气候援助发挥碳减排效应的机制。

（4）数据包络分析方法（data envelopment analysis，DEA）。在第六章关于能源效率在气候援助碳减排效应中的中介效应检验中，主要基于考虑非合意产出的 SBM – DEA 模型，测算得到全要素能源效率以衡量能源效率变量。

第三节 拟创新点

基于相关文献研究现状，目前涉及气候援助碳排放效应的研究仍存在一定可拓展空间。据此，本书可能的创新点具体如下：

第一，将气候援助纳入一般均衡模型中，从理论层面探究其对受援国碳排放的影响。多数研究通常基于一般均衡模型分析对外援助的环境效应，鲜有文献分析气候援助的碳排放效应问题。基于此，本书进一步聚焦到气候援助的碳排放效应问题，通过构建一般均衡模型，利用比较静态分析方法考察不同情形下受援国碳排放水平的变化情况。

第二，本书将双边减缓性气候援助作为气候援助的代理变量，实证分析了气候援助的碳排放效应，并讨论上述碳排放效应所存在的异质性特征。纵览现有研究，已有部分学者关注到了气候援助碳排放效应的经验分析，但所涉及研究对象主要为双边及多边气候援助①、"快速启动资金"、技术援助等，仍未有研究具有针对性地关注到双边减缓性气候援助的碳减排效应。基于此，本研究有针对性地选择双边减缓性气候援助作为气候援助的代理变量，据此考察气候援助的碳排放效应，进而能够对相关气候援助研究进行有效补充。

第三，将气候援助、能源结构（效率）、受援国碳排放纳入统一的分析框架下，分析气候援助推动受援国实现碳减排的作用机制。根据理论分析及实证分析结果，本书发现气候援助有助于促进受援国实现碳减排，在上述碳减排效应中能源结构产生了显著的中介作用，而能源效率并未发挥出显著的中介作用，这为得到相关政策启示提供了重要的经验依据。

---

① 相关经验研究并未区分双、多边气候资金中的减缓和适应成分。

第二章

理论基础与文献综述

第一节　相关概念界定

对于气候援助，目前官方及学术界并未形成一个可以得到各利益相关方均认可的概念界定。通常而言，多数学者主要在《公约》框架下来探讨相关气候援助问题，气候援助与《公约》框架下的气候资金存在紧密联系。在相关研究中，不同学者根据研究目的等方面的不同，有时会同时涉及气候援助、气候资金等相关概念。基于上述考虑，本章试图通过梳理相关文献及官方气候谈判文件，从官方定义和学术界定义两个方面，准确地辨析与气候援助、气候资金等相关的概念，以期为后续理论及经验研究提供基本的概念基础。

一、对外援助

对外援助（foreign aid）① 的概念界定作为后续理论演进的逻辑起点，对其定义加以厘清尤为必要。国内外官方或学术界关于对外援助的概念界定至今并未形成定论，其他较为常见的表述还包括官方发展援助（ODA）、国际援助（international aid）等。

---

① "对外援助"也通常被称为"国际援助"或简称为"援助"，不同词汇在不同场合的使用中不作严格区分。

（一）官方定义

《现代汉语词典》对援助（help，support，aid）的解释为：支援、帮助，如国际援助、经济援助、援助受难者等。对外援助通常简称为"援外"，《现代汉语词典》将其解释为：从经济上或技术上援助外域或外国。与该定义类似，《大不列颠百科全书》将对外援助定义为：一国或国际组织为帮助受援国及其人民而对物资和服务所进行的国际转移。

ODA 一直作为对外援助的主要来源，事实上也是多数研究中所称的对外援助。20 世纪 60 年代以来，随着西欧经济实力的不断恢复和增长，欧洲主要发达国家开始加入对外援助体系内，对外援助规模不断加大。1961 年成立的经济合作与发展组织（OECD）援助发展委员会（Development Assistance Committee，DAC），主要承担为发达国家进行对外援助制定政策、统计准则等援助条款的职能，现阶段已发展成为由 29 个发达国家和欧盟委员会构成的机构。OECD – DAC 于 1969 年正式提出了 ODA 的概念，经过多次修订，1972 年将 ODA 定义为"以促进发展中国家的经济发展和提升福利为主要目标的国际援助"，该定义一直沿用至今。根据上述定义的要求，流向 OECD – DAC 受援国①的 ODA 须满足：（1）由国家、地方政府等官方部门提供的援助；（2）以促进发展中国家经济发展和提升福利为主要目标；（3）以优惠性的财政支持为条件（性质为赠款或赠与成分不低于 25% 的优惠贷款）。

此外，ODA 主要可分为双边援助（bilateral aid）和多边援助（multilateral aid）两类。两类援助的区别主要体现为对外援助的实施主体不同，双边援助是指一国（地区）通过无偿或优惠的方式向另一国（地区）提供资金、技术等的援助活动，多边援助则指由国际多边组织或机构所进行的援助活动。

（二）学术界定义

相关学者在不同的研究领域内对对外援助有着不同的界定。代表性学者兰开斯特（Lancaster，2008）认为对外援助是国际关系研究领域中不可忽视的重要方面，并认为对外援助是指以改善受援国人民状况为目的的公共资源的自愿转移，而且这些从一个政府转移到另一个独立政府、非政府

---

① OECD – DAC 受援国名单见附录 A。

组织或国际团体的公共资源转移应至少有25%是无偿捐赠的。此外，还有学者指出对外援助实质为来自双边和多边的 ODA（Chong and Gradstein，2008）；张郁慧（2012）则在分析中国外交关系时，认为对外援助指的是援助国或国家集团、援助组织、社会团体乃至个人出于政治、经济、人道主义等方面的动机，以优惠的方式向受援国或国家集团提供资金、物资、技术和人力的帮助的行为。

尽管关于对外援助的概念界定并未达成统一的共识，但所涉及对外援助的基本要素通常包括对外援助的实施主体、动机或目的、实施方式三方面。第一，对外援助的实施主体既可以为"官方"的，也可为"民间"的（Hattori，2001；Kitano and Harada，2016）。此外，非政府部门、私人部门等"民间"组织也常被鼓励参与对外援助（Büthe et al.，2012；Bolling and Smith，2019）。第二，对外援助是出于特定动机或目的的。在政治目的方面，对外援助作为一国对外政策的重要组成部分，援助国可通过对外援助来建立和巩固地缘政治利益集团（Milner and Tingley，2013），抑或是借助对外援助扩大本国的国际影响力等（Welle – Strand and Kjøllesdal，2010）。在经济目的方面，对外援助可帮助经济较为落后的受援国实现经济增长、提高当地居民收入水平等（Easterly，2003；Jones et al.，2015；Arndt et al.，2015）。值得说明的是，部分学者关注到了旨在促进环境保护的对外援助，并分析了对外援助的减排效果（Chao and Yu，1999）。钱伯斯和延森（Chambers and Jensen，2002）则将用于环境保护的对外援助称为环境援助（environmental aid），同样分析了环境援助的减排效应。进一步地，随着学术研究方向的逐渐细化及更具针对性，关于具体部门的环境援助研究逐渐出现，包括能源部门（Bhattacharyya et al.，2018；Kim，2018）、供水与卫生部门（Gopalan and Rajan，2016；Wayland，2018）等。第三，对外援助应通过赠款或优惠贷款的方式予以提供。学术界普遍认同对外援助属于一种"优惠的国际转移"，体现为赠款和优惠贷款（Ferroni，2000；Brumm，2003；Kitano and Harada，2016）。例如，布鲁姆（Brumm，2003）将对外援助定义为赠款和赠款当量①之和，王玉红（2012）则认为对外援助应以无偿或优惠的方式予以提供。

总体来看，对外援助的概念界定随研究目的及领域等方面的不同而有所

---

① 根据世界银行的定义，赠款当量（grant equivalent）为发放贷款的现值与预期所偿还本息额之间的差值。对于每一笔贷款，该差额为借款人的净损失，也用来衡量受援国的受益程度。

区别，进而表现为其所涉及的对外援助主体、动机等也会存在差异。此外，相关官方组织及学术界所探讨的对外援助也存在一定程度上的共性特征，以体现优惠性为典型。还需说明的是，本章发现已有相关研究关注到了旨在用于环境保护的对外援助①，这为气候援助的发展奠定了重要研究基础。

二、气候资金

气候援助是应对气候变化范畴下的特定概念，其与气候资金的发展密切相关。由此，本章认为有必要先对气候资金的概念进行说明，进而可为更加准确地了解和界定气候援助提供基础。

（一）官方定义

1992 年《公约》的签署标志着气候资金的诞生，《公约》的相关规定为气候资金的后续发展提供了基本框架。关于气候资金的概念界定，《公约》主要从"共同但有区别的责任"原则、气候资金的筹资性质和气候资金的来源渠道三方面对气候资金进行了说明。

1. "共同但有区别的责任"原则

"共同但有区别的责任"原则是国际合作应对气候变化的基石，同时也是气候资金形成的前提与基础。在"共同的责任"方面，地球生态系统的整体性以及人类活动主要导致了气候变化，这决定了每个国家及个体均有应对气候变化的义务。在"有区别的责任"方面，发达国家和发展中国家对全球环境、气候变化施加的压力不同，决定了上述国家在应对气候变化方面承担着不同程度的责任。

进一步，历史排放责任是《公约》中"共同但有区别的责任"原则的基础，不仅是历届气候谈判的焦点话题，其还决定了各国的减排责任与资金责任（刘昌义等，2014）。发达国家贡献了历史上和目前大部分的温室气体排放，其应承担更多的应对气候变化责任。发展中国家在应对气候变化方面面临着"双重不公"（Gough，2011），即发展中国家产生的历史排放较少，但却遭受了气候变化所带来的近 80% 的不利影响（World Bank，2010）。与此同时，处于发展经济、消除贫困阶段的发展中国家，缺少相应

---

① 为表述统一，与钱伯斯和延森（Chambers and Jensen，2002）等研究相同，本书将旨在用于环境保护的对外援助称为环境援助。

的资金及技术来应对气候变化。由此，掌握先进应对气候变化技术的富裕发达国家理应援助发展中国家来应对气候变化（林毅夫，2019）。所以，"共同但有区别的责任"原则不仅体现了污染者付费原则，也体现了公平原则。

2. 气候资金的筹资性质

关于气候资金的筹资性质，《公约》规定："兹确定一个在赠予或转让基础上提供资金，包括用于技术转让的资金的机制……"[1]。由此可见，《公约》试图建立一个体现援助性质的气候资金机制。换言之，《公约》框架下的气候资金应以公共赠款[2]为主，且应是来自发达国家无偿的和无任何附件条件的援助资金。

3. 气候资金的来源渠道

关于气候资金的来源渠道，《公约》颇具技术性地规定："附件二所列的发达国家[3]缔约方和其他发达缔约方应提供新的和额外的资金来帮助发展中国家应对气候变化。它们还应提供发展中国家缔约方所需要的资金，包括用于技术转让的资金……"[4]。在上述规定中，"新的和额外的资金"要求气候资金应区别于现有的 ODA，即用于减贫与发展为宗旨的 ODA 不应属于气候资金。然而，《公约》关于"新的和额外的资金"的界定过于笼统，导致不同阵营国家对气候资金的来源渠道始终存在不同的意见。对于发达国家，其倾向于私人部门资金、碳市场融资等公共赠款之外的筹资来源；对于发展中国家，其主张应严格遵守《公约》的相关原则，并强调气候资金应主要来自公共部门出资。

进一步而言，在 2009 年的哥本哈根气候大会上，发达国家提出了至 2020 年前每年援助 1000 亿美元的长期资金计划。然而，由于发达国家提供援助资金的政治意愿不足等原因（Klein，2010；Pickering et al.，2015），气候资金并未达到其承诺额。2016 年 10 月，发达国家联合发布了《1000 亿美元路线图报告》，该报告指出，发达国家每年筹集的 1000 亿美元资金可来自公共和私人部门、双边和多边多种来源。由此可见，关于气候资金的来源渠道呈现出由公共到私人、单一到多元的趋势[5]。

---

① 摘自《公约》第 11 条的相关内容。

② 所谓公共赠款，是指资金应来源于发达国家的财政预算。只要发达国家政体稳定，国家财政预算由税收得以保障，就会促使公共赠款拥有稳定的资金来源。

③ 附件二所列发达国家详见附录 B。

④ 根据《公约》第 4 条内容整理而得。

⑤ 引自由科学技术部、社会发展科技司和中国 21 世纪议程管理中心编著的《应对气候变化国家研究进展报告 2019》。

综合来看,《公约》明确了"共同但有区别的责任"原则与气候资金的筹资性质,但关于"新的和额外的资金"的相关界定则过于笼统。加之,发达国家逃避出资义务和责任、忽视气候资金的筹资性质,使得现阶段气候资金的筹资性质以及来源渠道均呈现出了多元化的发展趋势。

(二) 学术界定义

由于《公约》等官方文件对气候资金概念界定的模糊性,在一定程度上导致相关学者对气候资金的界定存在差异。具体而言,毕希纳等(Buchner et al., 2011) 指出气候资金的内涵在不断演进,主要包括以下几方面:(1) 为减缓和适应气候变化所提供的资金支持,包括能力建设和研发及为实现向低碳、适应气候变化的发展过渡而作出的更广泛努力;(2) 发达国家向发展中国家提供的资金;(3) 发展中国家向发展中国家提供的资金;(4) 发达国家向发达国家提供的资金;(5) 发达国家和发展中国家内的资金流动;(6) 涉及公共部门及私人部门的资金;(7) 增量成本和投资额;(8) 总流动额和净流动额。瑞恩等(Ryan et al., 2012) 在分析用于提升能源效率的气候资金时,认为气候资金为发达国家流向发展中国家的公共和私人的国际资金,目的为降低 GHG 排放。田丹宇(2015) 则基于气候资金机制涉及的多方面内容,认为气候资金是关于国际应对气候变化资金之筹集、使用和管理等的运行规则。刘倩等(2015) 还从气候正义的角度出发,认为气候资金指的是根据《公约》的"共同但有区别的责任"原则,发达国家向发展中国家转移公共资源(public resources,公共资金流动) 以应对气候变化的长期影响,支持发展中国家向低排放的发展路径转型,帮助其摆脱经济体工业化过程中对化石燃料的依赖。但该研究还指出,随着气候谈判进程的不断推进以及各国的相互博弈,气候资金的概念与内涵也在悄然发生演变。

综上可知,关于气候资金的筹资性质日益多元以及来源渠道逐渐泛化这一发展趋势,也得到了部分学者的一致认同。

三、气候援助

(一) 官方定义

OECD - DAC 指出,气候援助(climate-change related aid,climate aid)

是指以减少或限制 GHG 排放以及加强 GHG 封存等为手段，进而将大气中 GHG 的浓度稳定在防止气候系统受到危险的人为干扰的水平之上的活动①。然而，该定义仅将气候援助局限于减缓气候变化领域。实际上，始终有较小比例的资金用于适应气候变化领域②。从这个角度来看，该官方界定所涵盖内容并不全面。

（二）学术界定义

相关国内外学者主要在《公约》所设立的气候资金机制下，来讨论气候援助的概念问题。例如，秦海波等（2015）对美国、德国、日本在"快速启动资金"中的援助资金进行比较分析，以期为中国南南气候合作提供相关借鉴。该研究根据哥本哈根会议的相关规定，将气候援助定义为发达国家向发展中国家提供与应对气候变化有关的资金和技术等援助。高翔（2016）梳理了基于发达国家在《公约》和其他体系下开展国际气候援助的实践，认为气候援助主要是指发达国家在气候资金、气候友好技术、应对气候变化能力建设方面向发展中国家提供的支持。还有部分学者在针对气候援助进行相关经验研究或统计分析时，并未给出气候援助的明确定义，但多将其等同于《公约》框架下用于应对气候变化的公共资金（Atteridge et al.，2009；Aurenhammer，2013；Donner et al.，2016；Betzold and Weiler，2017；Klöck et al.，2018）。此外，还有学者关注到了《公约》框架外的气候援助，如冯存万（2015）在考察南南合作框架下中国的气候援助时，认为气候援助是指有关国家或国际组织为应对和适应气候变化而采取的针对特定国家或地区开展的资金、技术等援助措施，并进一步指出气候援助理应涵盖南北合作、南南合作及三方合作等多种模式。

总之，OECD - DAC 对气候援助的界定更加倾向于体现气候援助具有减缓气候变化的作用，这一界定并未涉及适应气候变化的相关内容。相关学者关于气候援助的概念界定有所差异，但多数学者通常将气候援助等同于《公约》框架下气候资金中的公共资金部分。此外，《公约》框架外的气候援助也受到了部分学者的关注。

---

① 该定义引自 https：//unfccc. int/files/cooperation_and_support/financial_mechanism/application/pdf/statistics_on_aid_for_climate_change. pdf。

② 本章对 2000～2017 年的减缓性气候援助和适应性气候援助进行了统计，详见第三章第三节的相关内容。

四、气候资金与气候援助的关系

根据以上关于气候资金与气候援助概念的官方和学术界界定，可知气候资金与气候援助并非两个相互独立的概念，两者存在一定的联系与区别。实际上，气候资金与气候援助在具体的来源渠道方面也存在一定的交叉。由此，本章从相关原则、管理机构、来源渠道等方面进一步分析两者之间的相关关系，能够为本书后续准确评估气候援助的碳排放效应提供重要的概念基础。

（一）相关原则方面

对于气候资金，《公约》关于气候资金的相关规定具有一定的法律效力，气候资金的运行与管理均应以《公约》为依据。气候资金还应体现"共同但有区别的责任"原则，这就决定了发达国家应通过资金、技术支持等手段来援助发展中国家应对气候变化，而且上述援助手段应以公共资金（公共赠款）为主。与气候资金不同，气候援助属于对外援助的范畴，这就意味着关于其相关规定并不具有一定的法律效力，多属于自愿援助。加之，气候援助主要由 ODA 提供，具有无偿性或优惠性，即 OECD – DAC 规定 ODA 的性质应为赠款或赠与成分不低于 25% 的优惠贷款。需强调的是，虽然气候资金与气候援助所涉及相关原则存在一定差异，但"共同但有区别的责任"原则一定程度上决定了气候资金应体现出无偿性的特点，这与气候援助的无偿性或优惠性原则是一致的。

（二）管理机构方面

气候资金的筹措、管理和分配主要由《公约》所设立的相关国际执行机构运行和监管。具体而言，气候资金最早交由 1990 年设立的 GEF 委托运营，同时气候变化特别基金（SCCF）、最不发达国家基金（LDCF）及适应基金（AF）等也由其托管。除此之外，还包括其他双边机构、多边发展银行等管理机构。对于气候援助，其主要由 OECD – DAC 负责协调相关资金的分配及管理，而且 OECD – DAC 还与联合国气候变化框架公约进行合作，利用"里约标识"对气候援助所涉及的减缓和适应气候变化领域进行识别。

（三）资金来源方面

现阶段的气候资金来源逐渐泛化，其不仅包括公共气候资金，私人部门资金和碳市场融资等来源渠道的资金也被包含其中，具体如图 2-1 所示。虽然《公约》强调气候资金须是不同于 ODA 的"新的和额外的资金"，但就目前的资金供给渠道来看，各受援国依旧通过 ODA 来提供部分公共气候资金（Atteridge et al.，2009；Namhata，2018）[①]。与气候资金来源渠道特征明显不同，气候援助的来源渠道相对较为单一，主要通过 ODA 予以提供。

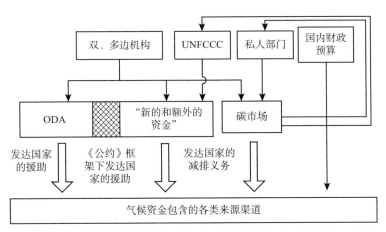

图 2-1 气候资金包含的各类来源渠道

资料来源：根据 Stockholm Environment Institute 于 2009 年发布的工作论文 *Bilateral Finance Institutions and Climate Change：A Mapping of Climate Portfolios* 整理而得。

可见，从相关原则和管理结构两个方面来看，气候资金和气候援助存在本质的区别；但从两者的来源渠道来看，现阶段多数学者将《公约》框架下的公共气候资金与气候援助视为同类（Michaelowa and Michaelowa，2011；Halimanjaya and Papyrakis，2012；Betzold and Weiler，2017），这也能够解释为何存在两个概念混用的现象。但需注意的是，气候资金伴随着 1992 年《公约》的签署而产生，而 ODA 为减缓温室气候排放而进行的促进可再生能源发展和提升能效的援助项目早在 20 世纪 50 年代就已存在

---

① 如图 2-1 中的阴影部分所示。

（Michaelowa and Michaelowa，2012），可以认为气候援助比气候资金的可追溯历史更为久远。

综合上述分析，本书最终将所研究的气候援助界定为：为实现减少 GHG 排放和加强 GHG 封存，以及增强国家适应气候变化能力等目标，有关国家或国际组织针对特定国家或地区实施的资金、技术等援助措施。本书所考察气候援助的覆盖范围，不仅包括《公约》框架下的气候援助，同时还涵盖了非《公约》框架下发达国家对发展中国家、最不发达国家等实施的气候援助①。具体而言，前者等同于《公约》框架下气候资金中的公共气候资金部分，这与现阶段多数研究相一致②；后者包括非《公约》框架下南北国家、南南国家之间的气候援助。

第二节　对外援助的经典理论回顾

由于气候援助主要为应对气候变化方面的援助资金，目前国内外尚未有直接研究气候援助的权威理论。然而，关于对外援助的相关理论较为丰富，这为气候援助的相关研究提供了重要的理论来源。对外援助相关理论涉及学科领域较多，主要集中于经济学、政治学、社会学等学科领域（邓红英，2009）。在经济学框架下，对外援助的经典理论多集中于探讨对外援助与受援国经济增长之间的关系。鉴于此，本章主要阐述对外援助所涉及的双缺口理论、依附理论、社会交换论，这些理论均与本书研究内容有关，也能够为后续的理论与实证分析提供理论基础。

一、双缺口理论

钱纳里（Hollis B. Chenery）和斯特劳特（Alan M. Strout）于 1968 年在《美国经济评论》发表《外援与经济发展》一文，较早地提出并系统阐述了双缺口理论，指出发展中国家存在储蓄和外汇缺口，通过外援或外资可弥补上述两个缺口，从而促进经济发展。谭崇台（2001）进一步指出："这种可称为'外援'的外部资源流入……不仅加快了经济增长的速

---

① 如前文所述，《公约》框架下的气候援助是气候资金的重要组成部分，可视为公共气候资金。

② 为此，本书在第三章中会对《公约》框架下的国际气候资金发展概况进行一定介绍。

度，而且实际上大大加强了运用自己的资源以取得经济持续发展的能力。"

然而，随着发展中国家经济的不断增长，部分国家的外汇和储蓄缺口问题已经基本解决，反而上述国家加快工业化进程中所带来的环境问题日益突出。对于发展中国家，在未来较长一段时期内，实现经济持续增长和消除贫困仍是这些国家的优先发展事项①。在达成上述目标的过程中，发展中国家将难以避免碳排放及能源使用强度的增加，而且这些国家在节能减排技术上仍相对落后，进而导致发展中国家在应对气候变化方面仍存在较大的减排资金与低碳技术缺口。因此，承担主要排放责任的发达国家理应援助发展中国家来应对气候变化。事实上，《公约》确实在初始时期试图在赠予或转让基础上去建立一个气候资金机制，以弥补发展中国家所面临的资金及技术缺口。对此，刘倩等（2016）、傅莎等（2017）也指出应对气候变化资金缺口增大是不争的事实。除资金缺口外，王文涛等（2018）则进一步指出，尽管近年来低碳技术进步很快，市场普及率逐年提高，但仍很难全面支撑世界范围的实质性减排，特别需要重大技术的重要突破。可见，发展中国家在应对气候变化进程中，确实存在资金和技术缺口，且可通过相关对外援助来弥补上述缺口。

总之，在不同经济发展阶段，发展中国家所面临的问题会有所不同，导致其需求也会随之不同。例如，发展中国家在经济发展初期所面临的储蓄和外汇双缺口，已转变为应对气候变化所需的技术及资金双缺口。可见，早期探讨对外援助与经济增长关系的双缺口理论的核心观点能为国际社会协同应对气候变化提供有价值的理论依据，这在《公约》所建立的气候资金机制中也能得到体现。

二、依附理论

普雷维什（Raúl Prebisch）于1949年提出了著名的依附理论，认为世界经济格局呈现"中心—外围"的结构。其中，发达的工业化国家作为中心国家，外围国家则指的是为中心国家生产初级产品的落后发展中国家。根据依附理论，中心和外围国家的关系是一种剥削与被剥削的关系，发展中国家的经济发展受到发达国家的控制。以弗兰克（Andre Gunder

---

① 《公约》曾指出："经济和社会发展及消除贫困是发展中国家缔约方的首要和压倒一切的优先事项"。

Frank)、桑托斯(Theotonio Dos Santos)为代表的"不发达的发展"的依附论流派认为中心国家对外围国家剩余价值的榨取导致了外围国家不发达的发展。弗兰克(Andre Gunder Frank)进一步在其代表作《拉美资本主义与不发达》(1970)一书中提到国际援助的作用,认为中心国家向外围国家所进行的投资、贸易和国际援助,都是其榨取外围国家剩余价值的渠道。

与上述理论观点不同的是,以卡多索(Fernando Henrique Cardoso)为代表的"批判主义"依附论流派,认为依附与外围国家的发展是可以并存的,即发展中国家可利用依附关系实现本国的经济发展。上述依附论流派肯定了中心国家所进行的投资、贸易和对外援助对外围国家发展的重要作用。对于中心国家实施的对外援助,若以中心国家为视角,对外援助是发达国家维系利益的工具;若以外围国家为视角,发展中国家也可有效利用对外援助等工具来推动本国的发展。实际上,诸多学者也均揭示了对外援助对促进发展中国家经济增长的重要作用(Karras,2006;Ali et al.,2018),还有部分研究揭示了对外援助可帮助发展中国家实现污染减排(Schweinberger and Woodland,2008)。

对于发达国家,其需要利用气候援助等来维持经济增长和转型(冯存万、乍得·丹莫洛,2016);而且,国家之间存在不同程度的贸易联系,发达国家易从贸易联系紧密的发展中国家获得气候援助的外溢效应,即获得一定的贸易增加值(Román et al.,2016)。对于发展中国家,其不仅可从气候援助等行动中获得较大的经济收益,发达国家提供的减排资源和技术还有助于这些国家实现污染减排。由此可见,相关"批判主义"依附论流派中关于中心国家和外围国家关系的基本结论,即发展中国家可利用依附关系实现本国的经济发展,能够为发展中国家利用气候援助实现污染减排提供一定的理论支撑。

三、社会交换论

社会交换论(social exchange theory)形成于20世纪50年代末期的美国,该理论的创立和发展是经济学、人类学、行为心理学等多个学科交叉研究的结果,现已发展成为国际关系研究领域中的重要理论基础(丁韶彬,2010)。根据迈克尔·E. 罗洛夫(1991)的定义,社会交换就是甲方自愿将资源转移给乙方,以换取另一种资源。这一交换行为受自我利益,即从他人身上谋取回报的倾向的指导，其结果是希望为自己最大限度地获取除去代价后的回报，或者是将自己的回报与代价和他人的回报与代价联系在一起考虑。社会交换论反映出交换是一种互惠互利的行为，即交换双方得以保持稳定关系的基础是双方均可从交换行为中获益。1985 年大卫·鲍德温（David Baldwin）在《经济治国方略》中专门系统探讨了社会交换论在对外援助领域的应用，其指出虽然对外援助具有一定的无偿或减让性质，实际上援助国仍会从本国利益出发，企图从经济、政治、安全等方面获得一定回报。现实经济中，捆绑性援助普遍存在于部分发达国家的对外援助项目中，发达国家通过捆绑性援助对受援国提出一系列要求，以期获得一定回报，这正体现出上述理论观点。具体而言，现有研究主要涉及三方面捆绑性国际援助：（1）采购捆绑，即援助国运用行政手段要求受援国用援助资金采购援助国国内的产品；（2）项目捆绑，即对外援助被指定用于某方面特定的财政支出；（3）政策捆绑，即受援国须具备相应的政策配套才可得到相关援助（Schweinberger and Woodland，2008）。可见，对外援助的进行会涉及援助双方的相关利益和义务。社会交换论有价值的洞见启发相关学者、政策制定者从互惠的角度来看待对外援助，进而使之综合考虑援助国的利益与受援国的需求。

值得说明的是，在分析如何有效应对气候变化时，相关学者指出为激励发达国家进行援助及减少其财政压力，相关应对气候变化的对外援助应遵循"最小化减缓和适应成本"的原则（Steckel et al.，2017）。这意味着在考察气候援助帮助受援国减排的同时，还应充分关注援助国的财政情况。本书认为，"最小化减缓和适应成本"的原则在一定程度上与社会交换论中互惠互利的核心观点相一致。

总之，双缺口理论、依附理论和社会交换论均从不同侧面为旨在应对气候变化或环境保护方面的对外援助提供了有价值的理论依据。

第三节　对外援助的环境效应研究综述

从目前已有的文献来看，早期多数学者主要关注到了对外援助的经济效应问题（Bacha，1990；Burnside and Dollar，2000；Easterly，2003；胡鞍钢、王清容，2005；杨东升，2007；Younsi et al.，2019）。关于气候援助的碳排放效应研究，学术界以一般性对外援助的环境效应研究为起点，相关环境援助与气候援助的专项研究兴起于 20 世纪 90 年代，并随着气候变化问题的日益紧迫而成为研究热点。根据研究所涉及的主题内容，本章主要从对外援助环境效应的理论分析、经验分析以及影响因素三方面进行文献梳理。

一、环境效应的理论分析

对外援助环境效应研究中运用的理论模型主要可分为三类，即一般均衡模型、综合评价模型（IAM）以及内生经济增长模型。其一，一般均衡模型可从微观经济主体出发，来描述市场主体之间的相互作用。通常来说，较多研究将对外援助看作受援国经济系统所接受到的外来冲击，通过构建生产、消费者、政府等部门的行为方程，并进一步联立各方程组来推导一般均衡结果，最终通过均衡结果来判断对外援助（外来冲击）对受援国环境产生的影响。其二，气候变化综合评价模型可准确考察气候变化对经济、社会产生的影响（米志付，2015），其在气候变化经济学领域已得到了广泛的应用（Tol，2002；Wang et al.，2009；Huang et al.，2017）。同时，也有少数学者运用该模型分析了气候援助的碳排放效应问题。其三，内生经济增长模型一般将储蓄率、技术创新等因素内生化，通过构建消费者跨期效用函数、生产者利润最大化等函数，来求取稳态均衡时经济系统的经济增长率，以及诸如环境等方面的福利情况（Chao et al.，2012；黄茂兴、林寿富，2013；安超、雷明，2019）。除上述三个主要运用的模型外，还有少数学者运用博弈论等模型方法来分析相关对外援助的环境效应问题。

根据上述理论模型，不同学者围绕对外援助的环境效应展开研究，所得结论随模型选择、假定等方面的不同而存在一定的差异。根据研究结论的不同，本章将相关文献从以下三个方面进行逐一梳理。

第一，对外援助能够改善环境质量。部分学者认为向欠发达国家进行清洁技术的转移是应对全球环境问题较为有效且必要的政策手段（French，1992；Levy et al.，1993）。技术先进的发达国家向技术落后的国家进行无条件的技术援助，能帮助受援国实现碳减排（Stranlund，1996）。进一步而言，用于提升能源效率的技术援助在应对气候变化方面存在较大潜力。例如，向欠发达国家转移用于提升能效的技术可降低温室气体排放，且减排成本相对较低（Decanio and Lee，1991）。在此基础上，环境援助问题也得到了部分学者的关注。例如，部分学者通过构建两国一般均衡模型，得出旨在用于环境保护的对外援助可带来双赢局面的结论，即受援国与援助国均能实现环境净化（Chao and Yu，1999；Vlad and Lahiri，2009）。还有学者基于受援国生产活动会造成跨境污染的假定，运用博弈论方法分析了环境援助的碳排放效应问题，发现更大程度的环境援助可降低由受援国生产所带来的跨境污染（Hatzipanayotou et al.，2002）。奥拉迪和贝拉迪（Oladi and Beladi，2015）则通过构建李嘉图的一般均衡模型分析了环境援助对受援国污染排放的影响，结果表明：虽然封闭情形下用于减排的对外援助增加了排放，但在开放经济情形下，对外援助不仅发挥出了减排效果，同时还降低了受援国的污染存量。此外，还有学者发现发展中国家更倾向于利用对外援助来提供更多相关环保方面的公共物品，以吸引更多的对外援助（Hadjiyiannis et al.，2013）。换言之，对外援助可激励受援国在环保方面做出更大程度的努力。阿尔文和卢（Arvin and Lew，2009）还指出对外援助可促进受援国居民收入增加，来进一步提升居民对更高环境质量的需求。

值得说明的是，除吴等（Wu et al.，2016）和王文娟、佘群芝（2018）等少数研究外，鲜有学者专门针对气候援助，通过构建相关理论模型来分析其碳排放效应问题。在上述研究中，吴等（Wu et al.，2016）运用 RICE 模型分别基于 GDP、历史累积排放和消费排放原则对坎昆会议（COP16）所承诺的气候援助进行情景模拟，结果表明可持续性的气候援助利于应对气候变化，能促进受援国实现碳减排。该研究还指出虽然发达国家在进行气候援助的早期阶段会遭受轻微的 GDP 损失，但长期经济增长及气候变化缓解所带来的益处将会弥补上述损失。王文娟、佘群芝（2018）则通过建立包含气候援助和碳排放在内的动态最优化模型，找到了气候援助降低碳排放的理论路径。该研究认为气候援助对受援国碳排放的影响包括直接效应及间接效应两方面，直接效应是指气候援助项目自身所带来的减排效果，间接效应则指气候援助通过规模效应、结构效应及技术效应三方面所带来的间接影响。

第二，对外援助表现为环境中性。希克斯等（Hicks et al.，2010）认为对外援助为环境中性的，即由于国际援助的援助目的具有多样化（如应对自然灾害、促进经济发展等）特征，使得对外援助不会对受援国的环境产生直接显著影响。在此基础上，部分学者认为即使对外援助为环境中性，但扩大对外援助范围仍存在较大风险，即对外援助可通过其他间接渠道影响受援国环境。例如，吉布森等（Gibson et al.，2005）认为对外援助可能使受援国推迟包括环境政策等在内的政策改革与创新。

第三，对外援助加剧环境恶化。部分学者指出针对特定目的的援助具有一定的可替代性，政府可减少对某部门的支出，将资源分配至更具优先发展的部门（Feyzioglu et al.，1998；Waddington，2004；Farag et al.，2009）。上述结论意味着用于环境保护的对外援助，受援国也有可能将援助资金用于污染行业，最终表现为对外援助加剧受援国环境恶化。施维因伯格和伍德兰（Schweinberger and Woodland，2008）还指出捆绑性的对外援助长期内会加剧环境污染。穆罕默德（Mohamed，2018）则认为以促进受援国经济发展为目的的对外援助，也可能通过促进经济增长来刺激资源掠夺型或污染密集型产业的发展，进而恶化受援国环境。当然，与前两方面的文献相比，认为对外援助会加剧环境恶化的文献相对较少。

二、环境效应的经验分析

相对于理论分析，针对环境效应的经验分析起步较晚，但该领域研究已经得到了学界的广泛关注，且最新研究仍在不断涌现。阿尔文等（Arvin et al.，2006）较早地运用格兰杰因果检验发现对外援助与受援国环境污染存在关联，并进一步通过误差修正模型对个别发展中国家进行检验，证实了对外援助确实与受援国环境污染存在因果联系，但上述结论仅对于小部分受援国成立。具体而言，从总样本来看，对外援助对受援国环境产生了不利影响，而且更大的排放量导致更大规模的援助，上述因果关系也在高收入的发展中国家得以显现。对于低收入国家，污染排放随对外援助的增加而减少；反之，对外援助降低，受援国污染排放增加。阿尔文和卢（Arvin and Lew，2009）分析了对外援助与受援国的碳排放、水污染和森林保护的关系，实证结果表明对外援助可降低碳排放，但加剧了水污染和森林退化。克雷奇默等（Kretschmer et al.，2013）指出现有研究多关注于对外援助流入总额的环境效应，未考虑因援助部门不同而导致的异质性问题，进而以80个受援国为对象分别从总援助、工业和能源部门援助出发考察对发展中国家碳排放的影响。他们认为，总援助及工业部门援助对受援国碳排放的影响不大，能源援助有助于降低能源强度，但并未降低碳排放。尤萨夫等（Yousaf et al.，2016）则运用自回归分布滞后模型，考察了1972~2013年的对外援助、FDI、人均收入等因素对巴基斯坦环境污染的影响，将对外援助分为国际贷款与国际赠款，发现上述两类对外援助均加剧了巴基斯坦的碳排放。穆罕默德（Mohamed，2018）基于 1980～2013 年 112 个受援国的国家面板数据，分析对外援助的碳排放效应问题，结果表明对外援助能否降低受援国碳排放取决于对外援助的类型，具体表现为多边气候援助具有显著的减排效应，而双边气候援助并未发挥减排效应。穆罕默德（Mohamed，2018）还进一步将双边援助细分为环境援助和其他援助类型两类，发现环境援助与受援国碳排放存在非线性的关系。班特查里亚等（Bhattacharyya et al.，2018）则基于 1971～2011 年 128 个国家的全球面板数据，考察了能源援助对受援国 CO_2 和 SO_2 排放的影响；从总体上看，能源援助并未对受援国污染排放产生显著影响，从分地区来看，欧洲和中亚国家能更为有效地利用能源援助实现碳减排。金姆（Kim，2019）则关注到了能源援助与发展中国家可持续能源发展转型之间的关系，指出援助者的援助行为取决于受援国对可持续能源的需求情况，援助者通过提供非水电可再生能源、能源政策、技术等方面的援助能有效为能源结构的转变提供基础，进而实现应对气候变化的目标。此外，佘群芝、王文娟（2013）更具针对性地关注到了环境援助对中国环境产生的影响，通过实证分析发现环境援助有助于降低中国 CO_2 和 SO_2 的排放水平，但对工业废水、粉尘、烟尘和固体废物反而产生了相反的增排作用。

需要注意的是，已有部分学者具体关注到了气候援助的碳排放效应问题。卡尔佛拉等（Carfora et al.，2017）利用分位数回归实证验证了"快速启动资金"的碳减排效应；在此基础上，卡尔佛拉和斯坎杜拉（Carfora and Scandurra，2019）进一步运用 PSM 方法再次验证了上述结论，并指出气候援助促进了受援国可再生能源替代化石能源。与上述所得结论相反，博利（Boly，2018）将双边对外援助分为环境友好型援助和环境非友好型援助两类，发现这两类援助均加剧了受援国碳排放。此外，还有学者指出气候援助的碳排放效应可能存在异质性特征。例如，钟等（Chung et al.，2018）将视角聚焦于用于应对气候变化的技术援助，发现技术援助对受援国整体碳排放并没有产生显著影响。然而，得到上述结论的原因在于技术援助的碳排放效应存在部门异质性特征，如与太阳能技术、电力传输相关的技术援助分别降低了电力部门和制造业部门的碳排放，但上述两类技术援助却并未对交通部门碳排放产生显著影响。此外，还有学者关注到了气候援助对具体某国碳排放的影响，如王文娟、佘群芝（2018）基于中国省际面板数据，运用面板回归分析方法考察了气候援助对中国碳排放的影响，结果显示气候援助整体上增加了中国的 CO_2 排放。

总体而言，现阶段关于对外援助环境效应的经验研究呈现出以下三方面特征：其一，相对于对外援助环境效应的理论分析，相关经验分析起步较晚，理论模型分析能够为经验分析提供重要的理论基础；其二，关于对外援助环境效应的经验分析结论，其通常因研究方法、研究对象、样本选取等方面的不同而有所差异；其三，气候援助碳排放效应的经验研究已得到了部分学者的关注，研究对象主要包括"快速启动资金"、双及多边援助[1]、技术援助以及流入中国的气候援助等，专门针对双边减缓性气候援助碳排放效应的经验研究还有待开拓。

三、环境效应的影响因素

对外援助能否改善受援国环境质量，事实上取决于多方面的影响因素。对外援助所覆盖的受援国在政府能力、私人投资、贸易水平等方面均存在较大差异，上述因素均会影响对外援助环境效应的发挥。因此，本章还需进一步明确对外援助环境效应影响因素的具体内容，相关研究主要可分为以下四个方面。

第一，受援国的政府能力。马顿斯等（Martens et al., 2002）指出受援国政府应在援助项目执行等方面充分发挥引导作用，以避免出现一系列委托代理问题。同样地，拉德勒（Radelet, 2006）也强调了受援国政府支持与引导的重要性。蒂尔帕克和亚当斯（Tirpak and Adams, 2008）则认为对外援助效果与受援国政策紧密相关，受援国需通过财政补贴的方式来降低清洁可再生能源新技术引进的风险。阿尔文和卢（Arvin and Lew, 2009）发现受援国积极设计和培育自己的环保项目，并与各援助方加强在环境控制、管理方面的密切合作，将更有利于援助效果的提升。卡梅伦（Cameron, 2011）进一步从个案研究中发现，受援国政府通过制订相关应对气候变化战略措施、加强应对气候变化意识可提升援助效率。维克托（Victor, 2013）则指出在行政管理系统运行良好、公共财政管理健全、新闻媒体独立的受援国可提高援助方案的有效性及适应性，受援国能力建设是长期应对气候变化的关键。

第二，私人部门等非政府部门的参与。众所周知，气候变化问题是一

---

① 以双、多边援助为研究对象的相关文献并未区分其中的减缓及适应成分。

个全球行动问题，有效应对气候变化需要动员更为广泛的全球资源。纳拉扬（Narayan，1994）较早地对 49 个国家援助的 121 个农村项目进行考察，发现由更多利益相关方参与的援助项目的成功率为 68%，参与率较低的援助项目的成功率仅为 12%，前者的成功率远高于后者。进一步地，渐有学者认识到私人部门在气候援助中所发挥的重要作用。秦海波等（2015）指出发达国家更倾向于依靠碳市场和私人部门资金进行气候援助，这有效补充了公共气候资金的不足。张和丸山（Zhang and Maruyama，2001）则认为应对气候变化方面的金融体制在发展中国家还有待完善，故需更为关注私人部门的参与。比亚吉尼和米勒（Biagini and Miller，2013）还指出私人部门通过开发创新性的产品与服务，可降低减排成本，进而能更为有效地应对气候变化。此外，波夫（Pauw，2015）还指出私人部门在减排领域的参与度正不断提高，但其在适应气候变化方面的作用有限。原因在于，适应气候变化活动存在较大的不确定性，而私人部门相对缺乏应对风险的能力，故其主要参与减缓气候变化方面的活动。

第三，贸易相关因素。申克和斯蒂芬（Schenker and Stephan，2014）系统讨论了国际贸易、区域气候适应性活动和援助资金转移三者的相互关系，基于动态多区域多部门的可计算一般均衡模型，构建了一个考察北 - 南援助资金转移的理论模型，发现贸易条件的改善可降低气候援助的转移成本，从而提升对外援助的减排效果。利姆等（Lim et al.，2015）则发现经济全球化是影响援助效果的重要因素，当受援国的经济全球化程度较低时，主要体现为贸易开放程度或 FDI 较低，此时对外援助可改善受援国环境；反之，当经济全球化程度处于较高水平时，对外援助反而会恶化受援国环境。

第四，其他影响因素。在援助资金管理方面，可持续性的交付系统（Conway and Mustelin，2014）、开辟多元化的融资渠道（秦海波等，2015）等均有助于确保援助效果的发挥。在技术水平方面，尼欧（Niho，1996）、佘群芝（2015）分别指出援助双方减污技术效率的高低、环境援助的扩散效应是影响对外援助环境效应发挥的重要因素。在资本要素方面，施维因伯格和伍德兰（Schweinberger and Woodland，2008）在充分考虑私人部门投资、资本积累等因素的情况下，考察了环境援助对受援国碳排放的短期及长期影响。该研究显示，环境援助在短期内会挤出受援国私人部门的减排投资进而加剧碳排放；若不考虑私人部门的减排活动，环境援助可在短期内降低受援国碳排放，但从长期来看，环境援助通过资本积累带来的碳排放增加会抵消短期的碳减排量，从而加剧受援国碳排放。在环保意识与标准方面，平泽和矢北（Hirazawa and Yakita，2005）发现受援国的环保意识越强，越愿意提高援助资金的治污比例。阿尔文和卢（Arvin and Lew，2009）则指出援助国应通过设计相关援助方案来激励贫穷国家采用较高的环保标准，进而充分地提升援助效率。此外，受援国国内的污染品属性特征、消费者情况等也被认为是影响对外援助环境效应的重要因素（Knack and Rahman，2007；Abe and Takarada，2005；Chao et al.，2012），在此不再详述。

第四节　碳排放的影响因素研究综述

为考察气候援助的碳排放效应问题，本章还需进一步厘清影响一国碳排放的主要因素，这将为后续经验研究中控制变量的选择提供研究基础。基于此，本节主要从经济增长、对外贸易、能源消费水平、城镇化水平、技术水平等方面对相关碳排放的影响因素研究进行梳理。

一、经济发展水平

格罗斯曼和克鲁格（Grossman and Krueger，1991）较早提出了经济发展与环境污染排放的"倒 U 型"关系，即环境污染排放水平随经济发展水平不断提升而呈现先上升后下降的相关关系，潘纳约托（Panayotou，1993）进一步将上述"污染—收入"的"倒 U 型"发展轨迹命名为环境库兹涅茨曲线（Environmental Kuznets Curve，EKC），进而为后续经济增长与碳排放关系研究提供了重要的分析框架。在 EKC 框架下，部分学者较早地以全球国家为研究对象，验证了收入水平与碳排放之间的 EKC 关系（Carson et al.，1997；Schmalensee et al.，1998）。在上述研究基础上，渐有学者以具体国家为研究对象，利用自回归分布滞后模型、加入额外控制变量等分析手段来检验收入水平与碳排放之间的关系，所得结论因研究对象的不同而存在差异。具体来看，中欧及西欧国家（Atici，2009）、巴基斯坦（Nasir and Rehman，2011）、马来西亚（Saboori et al.，2012）、印度（Tiwari et al.，2013）和罗马尼亚（Shahbaz et al.，2013）等国的收入水平与碳排放之间均存在 EKC 关系；而在土耳其（Ozturk and Acaravci，

2010）及北欧（Baek，2015）等国并未发现存在上述 EKC 关系。崔鑫生等（2019）进一步将异质性因素引入模型从动态视角审视 EKC 的趋同属性，结果发现不同发展程度的国家在不同时期 EKC 的形状有所差异，但均呈现倒 U 形态，进而揭示出"倒 U 型"EKC 关系的普遍存在性。此外，与中国有关的 EKC 研究得到了诸多国内学者的关注。张为付、周长富（2011）实证验证了中国及其东部、中部均存在碳排放的库兹涅茨曲线关系，但西部地区碳排放强度和人均收入水平则呈"正 U 型"关系。王艺明、胡久凯（2016）则指出传统面板回归方法存在截面相关及不平稳等问题，进而导致对 EKC 关系的检验结果并不稳健，通过运用共同相关效应（CCE）估计方法发现中国及其中、东、西部地区均不存在经济增长与碳排放的 EKC 关系，而是呈现出单调递增的线性形态。综上，现阶段关于经济增长与碳排放的关系研究因分析样本、方法和指标选择等的不同，所得结论存在差异。

二、贸易开放水平

除经济发展水平外，贸易与环境关系问题也得到了诸多学者的广泛关注。在评估北美自由贸易协定的环境效应时，格罗斯曼和克鲁格（Grossman and Krueger，1991）较早地提出应从规模效应、结构效应和技术效应三方面综合考虑贸易开放水平对一国环境的影响。科普兰和泰勒（Copeland and Taylor，1994）进一步通过构建南北贸易模型对上述三效应进行理论阐述。具体而言，规模效应是指贸易开放会促使生产规模扩张，进而加剧本国碳排放；技术效应是指对外贸易可通过引进先进的技术及获得相关技术外溢效应，来推动企业采用先进的排污减污设备，进而降低本国碳排放；结构效应是指对外贸易可引起一国产业结构及贸易结构的改变，而该国碳排放也将会随之发生变化。对于贸易与碳排放的关系，相关研究主要可分为贸易有害论、贸易有益论、贸易中性论三类（陆旸，2012）。其一，部分学者认为贸易是导致碳排放加剧的直接原因。例如，纳西尔和雷曼（Nasir and Rehman，2011）运用协整方法发现提升贸易开放水平会加剧巴基斯坦的碳排放。科佐·赖特和福尔图纳托（Kozul - Wright and Fortunato，2012）则指出贸易会加剧工业化程度相对较低的国家的碳排放。还有学者运用 ARDL 模型发现贸易是土耳其碳排放增长的长期决定因素（Ozatac et al.，2017）。其二，一些学者认为贸易自由化并非是导致碳排放上升的根本原因，通过限制贸易并不能有效解决环境恶化问题。例如，侯赛因（Hossain，2011）所进行的格兰杰因果检验结果表明贸易与新兴工业化国家的碳排放并不存在长期因果关系。奥兰（Ohlan，2015）也认为贸易并不是印度碳排放增长的格兰杰原因。其三，还有学者认为贸易自由化对碳排放的影响取决于国家收入及资源禀赋等因素。通常而言，贸易开放会加剧低收入国家碳排放，而降低高收入国家碳排放，即是"污染避难所假说"所描述的情况（Heil and Selden，2001）。此外，对于资本相对丰裕的国家，贸易开放会通过刺激资本密集型产业扩张而加剧该国碳排放；与之相反，劳动密集型产业的碳排放强度较低，故贸易开放会促使劳动相对丰裕的国家碳排放水平降低（Ertugrul et al.，2016）。

三、能源消费水平

能源消费水平与一国碳排放水平息息相关已得到了学术界的普遍认同，关于两者的关系分析也积累了较为丰富的研究成果，但所得结论同样依赖于研究对象、研究方法的选择。根据徐斌等（2019）的研究，可将能源分为传统化石能源与清洁能源两类，其中传统化石能源主要包括煤、石油、煤层气及天然气四类，清洁能源则主要包括水电、核能、风能、生物质能、太阳能、地热能和海洋能等能源。基于上述分类，以下将分别梳理两类能源消费水平对一国碳排放的影响研究。

一方面，传统化石能源消费的增加会加剧一国碳排放已得到不同研究的证实。例如，萨菲伊和沙林（Shafiei and Salim，2014）、多甘和塞克（Dogan and Seker，2016）分别运用 STIRPAT 模型及动态最小二乘法分析了传统化石能源消费对 OECD 国家、欧盟国家碳排放的影响，均认为传统化石能源消费的增加对上述国家碳排放产生了显著的正向不利影响。以中国为对象的研究中，陈诗一（2009）和彭水军、张文城（2013）指出中国在实现初步工业化之后，其碳排放水平增长很快的原因与中国一次能源结构中不洁净的煤炭所占比例很高相关。赵领娣、吴栋（2018）还分析了中国传统化石能源碳排放的演进过程，发现原煤碳排放是传统化石能源碳排放量的主要来源，比重高达 80.75%，原油碳排放量的平均占比为 17.07%，天然气碳排放量所占份额最少。

另一方面，关于清洁能源能否降低一国碳排放也得到了相关学者的重点关注。曹静（2009）指出中国可通过碳税政策等来刺激清洁产业发展，以改善环境质量。林美顺（2017）、钟等（Chung et al.，2018）、徐斌等（2019）均指出包括可再生能源在内的清洁能源作为一种不排放污染的绿色能源，其对一国控制碳排放具有重要作用。桑迪（Zoundi，2017）进一步从短期和长期两个维度考察了 25 个非洲国家的清洁能源对其碳排放的影响，认为清洁能源可有效替代化石能源，进而降低非洲国家碳排放，而且上述减排作用在长期内会更为显著。与上述研究不同，少数学者得出了清洁能源对碳排放的作用并不突出或存在非线性影响的结论。例如，卡希亚等（Kahia et al.，2016）考察了 24 个中东和北非国家清洁能源对碳排放的影响，指出由于上述国家清洁能源还处于发展的初期阶段，故其并未对这些国家的碳排放产生显著影响。徐斌等（2019）则认为单纯从线性角度来看，清洁能源消费并未对中国碳排放产生显著影响，然而这并不意味着清洁能源消费对碳排放的影响是有限的；从非线性角度来看，清洁能源消费对东部地区碳排放产生了"M 型"的非线性影响，对中部及西部地区碳排放均产生了"正 U 型"的非线性影响。

总之，现有文献分别就传统化石能源以及清洁能源消费水平对一国碳排放的影响展开了广泛研究。一般而言，众多研究普遍认同传统化石能源消费的提升将会加剧一国碳排放水平，而清洁能源消费有助于减缓一国碳排放水平。

四、其他影响因素

除经济增长、贸易开放和能源消费水平影响因素外，诸如城镇化水平、技术水平等因素也得到了部分学者的关注。在城镇化水平方面，相关研究发现城镇化水平的提升对不同样本国家具有显著的正向或负向作用。例如，阿里等（Ali et al.，2017）认为城镇化水平的提升可通过环保体制建设日益完善及产业结构优化等途径降低碳排放，而多甘和图尔库尔（Dogan and Turkekul，2016）则认为城市人口的增加可通过增加工业产出、能源消费等途径加剧碳排放。值得一提的是，马丁内斯·扎尔佐索和马罗蒂（Martínez-Zarzoso and Maruotti，2011）、王等（Wang et al.，2015）通过引入二次项或交叉项均验证了碳排放与城镇化水平存在"倒 U 型"环境库兹涅茨曲线关系。在技术水平方面，诺伊迈尔（Neumayer，2002）认为技术水平提升能够通过改变地区投资率而导致能源消费增加，进而加剧环境退化，史（Shi，2003）、艾哈迈德等（Ahmed et al.，2016）等则指出技术水平提升可通过提高技术效率而促使经济发展向低碳转型，萨玛甘地（Samargandi，2017）却认为技术水平的变化并未对碳排放产生影响。此外，还有学者就对外直接投资（牛海霞、胡佳雨，2011；Mert and Bölük，2016；周杰琦、汪同三，2017）、环境治理水平（Masud et al.，2015；Krishnan，2016）、教育水平（Misra and Verma，2015；Balaguer and Cantavella，2018）等其他因素对碳排放的影响展开讨论，具体不再详述。

第五节　简要述评

为深入且全面地考察国际气候援助的碳排放效应，本章从气候援助的概念界定、对外援助的理论基础、对外援助的环境效应以及碳排放的影响因素等多个方面对相关文献进行梳理，主要呈现出以下研究特征：

第一，现阶段关于气候援助的概念界定并未形成定论。现有研究多在《公约》框架下来探讨气候援助的相关问题，气候援助与《公约》框架下气候资金的联系并未得到明确。基于此，本章先逐一对对外援助、气候资金以及气候援助等相关概念进行梳理与比较，以期明确气候援助的具体内涵，这将为后续理论及经验研究奠定重要基础。

第二，目前尚未有专门针对气候援助的权威理论，但部分对外援助理论能够为气候援助的发展提供理论基础。在经济学框架下，对外援助所涉及的双缺口理论、依附理论、社会交换论，均从不同侧面为旨在应对气候变化或环境保护方面的对外援助提供了有价值的理论依据。

第三，现有研究主要以一般性对外援助的环境效应研究为起点，专门针对气候援助碳排放效应的理论及经验研究相对较少。本章通过对外援助环境效应的理论分析、经验分析以及影响因素等方面的文献梳理可知，鲜有学者通过构建相关理论模型针对性地分析气候援助的碳排放效应问题，而且针对双边减缓性气候援助碳排放效应的经验研究也较少得到关注，上述不足均能为本书研究的展开提供重要研究思路与空间。

第四，碳排放的影响因素研究已较为丰富，其中经济发展水平、能源消费水平及贸易开放水平等因素成为其中的重点关注对象。上述各影响因素与碳排放之间的关系并未形成一致的结论，两者之间的关系通常因研究对象、研究方法等的不同而有所差异。然而，较少有研究以受援国为考察对象，分析上述各因素对受援国碳排放的影响。

　　总之，现有文献为本研究提供了有价值的研究视角与方法，但仍存在诸多可拓展之处。据此，本书试图从以下几方面对现有研究进行扩展：（1）将研究视角聚焦于气候援助，通过构建一般均衡模型并运用比较静态分析方法，从理论层面全面地分析气候援助的碳排放效应；（2）进一步以双边减缓性气候援助为考察样本，分别运用静态及动态面板、面板分位数等相关计量分析方法，以揭示现有气候援助对受援国碳排放的影响及其异质性特征；（3）将能源结构和能源效率同时引入到气候援助碳排放效应的分析框架中，从理论层面及实证层面分析两者在气候援助碳减排效应中发挥的中介作用。

第三章

国际气候援助的发展历程与现状

正如前面所述，ODA 为减缓温室气体排放等进行的气候援助早在 20 世纪 50 年代就已存在（Michaelowa，2012）。所以，本书所考察的气候援助不仅包括《公约》框架下的气候援助，同时还涵盖了非《公约》框架下发达国家对发展中国家实施的气候援助。其中，《公约》框架下的气候援助是气候资金的重要组成部分。基于上述界定，本章将从四个方面对国际气候援助的发展历程与现状进行系统的梳理与阐述：第一，在国际气候治理的背景下，从历史沿革、基本架构、筹资性质三方面概述《公约》框架下气候资金的发展情况；第二，从减缓和适应两方面分析气候援助的总体援助趋势、地区及部门分布特征；第三，再从减缓和适应两方面总结气候援助的重点实施领域；第四，根据现阶段气候援助及气候资金的发展现状，总结气候援助的未来发展挑战。本章分析将为后续理论及经验分析提供基本的理论及数据参考。

第一节　全球气候治理背景概述

从 20 世纪 80 年代初以来，联合国框架下的全球气候治理经历了近 40 年的发展，在历届气候谈判的推波助澜下，促使气候变化由一个科学与环境问题逐渐转化为一个政治与发展问题。这一问题关乎各方的诸多关键利益，是涉及政治、经济、社会及生态等方面的多元复合问题。根据全球气候治理呈现出的一些阶段性特征，借鉴古达（Gupta，2014）、石晨霞（2014）等的阶段划分内容，本书将全球气候治理进程分为"问题认知—达成共识—框架确立—框架完善—格局变革—新治理"六个阶段，具体如下：

第一，全球气候变化问题认知阶段（至 1979 年）。从 20 世纪 50 年代以来，地球物理观测技术的进步、数字计算机的出现等促使气象学由一门描述性学科转向物理学科，进而为评估和预测全球气候系统开辟了道路。到 1979 年 11 月第一届世界气候大会的召开，气候变化问题首次作为一个受到国际社会关注的问题被提上议事日程，促使气候变化问题由一个科学问题转变为全球关注的环境问题。国际社会对全球气候变化问题认知的日渐深入，为气候治理奠定了基础。

第二，达成应对气候变化共识阶段（1980～1990 年）。1980～1990 年间召开了一系列关于气候变化的政府间会议，关键性会议主要包括菲拉赫会议（1985）、多伦多会议（1988）和渥太华会议（1989）等。上述会议不仅讨论了相关科学及政策问题，也同时呼吁采取全球行动来应对气候变化。此外，1988 年 IPCC 的组建以及 1990 年 IPCC 发布第一次科学评估报告，均推动了《公约》谈判的启动。1990 年底，政府间组织气候变化框架公约谈判委员会（INC/FCCC）成立，《公约》的谈判进程开始启动。至此，可以认为国际社会已达成全球应对气候变化的基本共识。

第三，气候治理基本框架确立阶段（1991～1996 年）。在 1992 年 6 月的联合国环境与发展大会上 154 个国家正式签署了《公约》。该公约作为世界上第一个全球应对气候变化的国际公约，是国际社会共同应对气候变化的重要基本框架，也是国际气候治理进程中具有里程碑意义的成果。《公约》的签署意味着，气候变化问题不仅是一个环境问题，其还在向政治问题转变（王文涛、朱松丽，2013；李慧明，2017）。

第四，气候治理框架逐渐完善阶段（1997～2007 年）。1997 年 12 月，在《公约》第三次缔约方大会（COP3）上通过了《京都议定书》。为促进《京都议定书》早日生效，各利益集团求同存异做出让步，最终该协议于 2005 年 2 月 16 日生效[①]。《京都议定书》首次对包括发达国家及经济转型国家的附件一国家规定了具有法律约束力的减排目标及时间表（第一承诺期为 2008～2012 年），成为人类历史上第一个为附件一国家单方面规定减排义务的法律文件，可视为对《公约》的重要补充。

第五，气候治理格局变革酝酿阶段（2008～2014 年）。2009 年的哥本哈根会议（COP15）无果而终，预示着国际气候治理开始进入一个变革时

① 需要注意到，美国虽在《京都议定书》上签字，但其国内并未批准该议定书，反而宣布退出该议定书。到 2011 年 12 月，加拿大也正式宣布退出《京都议定书》，成为第二个签署后又退出的国家。

期。2010 年的坎昆会议（COP16）通过了涵盖温升目标、减缓、适应及资金等一揽子决定的《坎昆协议》，但关于《京都议定书》第二承诺期的碳排放峰值时间框架等重要问题仍悬而未决。进一步地，2011 年的德班会议（COP17）通过建立德班平台，启动了 2020 年后气候行动的谈判进程，使得未来气候谈判情景更为明朗化。

第六，国际气候治理新阶段（2015 年至今）。2015 年的巴黎会议（COP21）通过了具有划时代意义的《巴黎协定》，预示国际气候治理新阶段的到来，是国际社会应对气候变化的又一里程碑。2019 年 12 月召开的马德里会议（COP25），主要就《巴黎协定》第六条中的市场机制实施细则展开了谈判，但因各方分歧严重，最终并未达成共识。此外，逆全球化思潮促使巴黎会议后的全球气候治理出现退化趋势①。例如，在《巴黎协定》生效 3 年后（即 2019 年 11 月 4 日），作为世界第一大经济体和主要碳排放国家的美国，在第一时间正式通知联合国要求退出该协议，这表明国际气候治理进程中存在一定不确定性，仍需要各方的共同努力。

第二节　《公约》框架下国际气候资金发展概况

根据前文对气候资金与气候援助关系的辨析，本章认为有必要对气候资金的发展概况进行梳理。据此，本章发现《公约》框架下的气候资金在全球气候治理不断演进的背景下，主要经历了从无到有、由简至繁的发展过程，以下从气候资金的历史沿革、基本框架和筹资性质三个方面进行详细分析。

一、气候资金的历史沿革

解决"米从何来"是国际气候治理的首要问题（田丹宇，2015）②。

---

① Elements for a New EU Strategy on China ［R/OL］. 2016. https：//eeas. europa. eu/delega-tions/china_en/15397/Elements% 20for% 20a% 20New% 20EU% 20Strategy% 20on% 20China. ［2016 - 9 - 18］.

② 田丹宇（2015）认为资金来源始终是国际气候谈判中资金议题的焦点问题，并提到《公约》中关于气候资金出资问题的规定（包括第 4 条的第 3 款和第 4 款）构成了气候资金筹措的国际环境法律依据。

针对该问题，1992 年《公约》提出建立相关气候资金机制，后续历届气候谈判也围绕气候资金的相关问题展开了激烈讨论。纵观《公约》框架下的气候谈判进程，经历了一系列里程碑事件，取得了相关谈判成果，具体如表 3－1 所示。

表 3－1　　　　　　　　《公约》框架下气候资金的历史沿革

时间	具体会议	相关制度文件	里程碑事件
1992	联合国环境与发展大会	《公约》	气候资金的诞生
1994	—	—	全球环境基金重组
1997	COP3	《京都议定书》	确定了 JI、CDM 和 EI 三机制，创新了资金来源
2001	COP7	《马拉喀什协定》	成立了气候变化特别基金和最不发达国家基金
2007	COP13	"巴厘路线图"	成立了《京都议定书》框架下的适应基金
2010	COP16	《哥本哈根协议》	建立了快速启动资金和长期资金计划；成立了 GCF
2013	COP19	《长期资金工作计划》	提出了发达国家到 2020 年前应每年动员 1000 亿美元以支持发展中国家应对气候变化
2014	COP20	—	中国宣布成立"南南合作基金"
2015	COP21	《巴黎协定》	肯定了发达国家的出资责任及义务；鼓励其他缔约方自愿出资；双年信息通报；提出全球行动盘点计划
2018	COP24	"卡托维兹气候一揽子计划"	同意将私人部门资金作为气候资金筹集的来源之一，并纳入双年信息通报中

资料来源：根据相关文献及气候谈判文件整理。

需要强调的是，1992 年通过的《公约》对气候资金作出了相关规定，明确了气候资金的公共赠款性质，即援助性质。通过气候资金的历史沿革不难发现，国际社会为扩大气候资金的规模，也在不断引入诸如碳市场融资、私人部门资金等来源渠道的资金。

二、气候资金的基本架构

　　现阶段的气候资金架构日益繁杂，涉及的筹资渠道逐渐多元化，不仅包括全球环境基金（GEF）、气候投资基金（CIF）等多边基金，还涉及越来越多的双边气候资金①。此外，来自私人部门的气候资金也逐渐受到重视。根据2019年英国独立智库海外发展研究院（ODI）发布的研究报告，现阶段气候资金的基本架构如图3－1所示。接下来，本章从多边气候资金、双边气候资金、私人部门资金及多边发展银行四方面来简要介绍气候资金的基本架构。

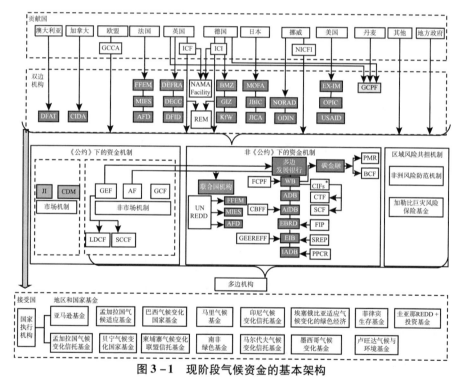

图 3 － 1　现阶段气候资金的基本架构

　　注：（1）资料来源于 ODI 所发布 2019 年的 *The Global Climate Finance Architecture*，https：// climatefundsupdate. org/wp－content/uploads/2019/03/CFF2－2018－ENG. pdf；（2）缩写词对应内容详见附录 C。

_____

　　① 鉴于气候资金与气候援助的紧密联系，本书所梳理的气候资金基本架构涉及的内容更为广泛，不仅包括公共气候资金（赠款或优惠贷款的援助资金）所涉及的机构，还包括其他来源渠道所涉及的相关机构。

（一）多边气候资金

《公约》框架下的多边机构一定程度上模糊了援助国与受援国之间的联系，进而限制了援助国通过利用气候资金来施加政治影响的能力（Marcoux et al.，2013），故部分气候资金由相关多边机构进行管理及分配[①]。具体而言，《公约》框架下的多边气候资金机制主要包括 GEF、适应基金（AF）和 GCF。

对于 GEF，该多边机构已为相关国家提供了可观的援助资金。该基金每 4 年增资一次，自 1994 年重组以来，GEF 已进行了 6 次增资：第一次增资期（GEF - 1，1994 ~ 1998）增资 20 亿美元，第二次增资期（GEF - 2，1999 ~ 2002）增资 27.5 亿美元，第三次增资期（GEF - 3，2002 ~ 2006）增资 30 亿美元，第四次增资期（GEF - 4，2006 ~ 2010）增资 31.3 亿美元，第五次增资期（GEF - 5，2010 ~ 2014）增资 43.4 亿美元，第六次增资期（GEF - 6，2014 ~ 2018）增资 44.3 亿美元。上述六次增资累计达196.5 亿美元。此外，GEF 还管理《公约》框架下的最不发达国家信托基金（LDCF）、气候变化特别基金（SCCF），这两类基金主要通过规模较小的项目（最高资助额为 20 百万美元）来支持各国制订及实施适应气候变化计划。截至 2018 年 11 月，LDCF 为支持相关项目执行已提供了 5.32 亿美元的援助，SCCF 则提供了 1.87 亿美元的类似援助[②]。

对于 AF，其于 2009 年正式运行，相关资金主要来源于 CDM 项目所产生的温室气体核证减排量（CERs）的 2% 的收益、发达国家的自愿捐资以及少量投资收益。截至 2018 年 11 月，AF 为适应气候变化共投入了7.56 亿美元的援助资金[③]。

GCF 于 2010 年由《公约》框架下的 194 个缔约国共同建立，同时也是《公约》气候资金机制的运营实体。截至 2019 年 10 月 17 日，GCF 已向发展中国家提供了 52 亿美元资金来援助这些国家减缓 GHG 排放以及

[①] 值得说明的是，发展中国家也倾向于由多边机构来管理及分配气候资金。例如，皮克林等（Pickering et al.，2015）曾指出，发展中国家希望气候资金"以一种反映发展中国家享有资金权力"的方式予以提供，即这些国家希望气候资金可通过《公约》框架下的多边机构发放，诸如全球环境基金（GEF）等。

[②] 数据来源于 Climate Funds Update（CFU）机构 2019 年发布的 *The Global Climate Finance Architecture*。

[③] 数据来源于 CFU 机构 2019 年发布的 *The Global Climate Finance Architecture*。

适应气候变化，共涉及 111 个项目，预计可实现 15 亿吨 CO_2 当量的减排量[①]。

（二）双边气候资金

对于大部分发达国家，由于受政治联盟或殖民历史的推动（Alesina and Dollar，2000），抑或是基于开发受援国市场的动机（Wagner，2003），其更倾向于选择通过双边机构进行气候资金援助，进而导致现阶段部分公共气候资金也会通过双边渠道提供[②]。发达国家主要通过各双边执行机构管理气候资金，如澳大利亚的外交事务和贸易部（DFAT）、加拿大国际开发署（CIDA）等；此外，也有部分国家或区域组织设立专门的机构管理气候资金，如欧盟的全球气候变化联盟（GCCA），德国的国际气候保护倡议（IKI），以及德州、英国和丹麦联合设立的全球气候伙伴基金（GCPF）等。根据 2018 年 UNFCCC 发布的气候资金流动评估报告，2015～2016 年由发达国家流向发展中国家的气候资金达 317 亿美元。进一步地，以部分发达国家的双边机构为例：截至 2018 年，德国的 IKI 已为 500 多个减缓、适应及 REDD + 项目提供了 26 亿美元的资金援助；英国政府则承诺将在 2021 年前向其设立的国际气候基金（ICF）投入 127 亿美元的资金援助[③]。

双边气候资金涉及发达国家和发展中国家的双方利益，对应于发达国家所设立的双边机构或专门机构，发展中国家也设立了相关气候变化基金或渠道以接收、规划使用气候资金。例如，印度尼西亚气候变化信托基金是首批设立的机构之一，由巴西国家发展银行管理的亚马逊基金则是目前最大的国家气候基金，主要管理来自挪威的高达 10 亿美元的气候资金。此外，孟加拉国、南非等国也相继设立了相关国家气候基金。值得说明的是，上述国家气候基金最初多由联合国开发计划署管理，现逐渐将管理权移交至各国国家政府，故导致获取相关国家气候基金的数据存在一定难度。

（三）私人部门资金

随着气候谈判进程的不断推进，在公共气候资金基础上，私人部门

---

① 数据来源 GCF 官网。

② 值得说明的是，双边气候资金的披露依赖于各国自行发布的报告，加之暂时并未建立统一的核查机制，进而导致双边气候资金缺乏一定的透明度。

③ 数据来源于 CFU 机构 2019 年发布的 *The Global Climate Finance Architecture*。

资金、公共及私人部门混合的资金流动等影响力也逐渐增大（Buchner et al.，2011），具体表现为各多边气候资金机制中均有不同程度的私人部门资金参与。根据世界资源研究所（WRI）在 2017 年发布了 GEF 第 5 次增资（GEF - 5）、清洁技术基金（CTF）、气候适应试点项目（PPCR）、林业投资计划（FIP）、可再生能源推广计划（SREP）以及 GCF 中气候资金的来源渠道数据，具体如表 3 - 2 所示。结果表明，在 GEF - 5、PPCR、FIP 及 SREP 中，均包括了一定程度的私人部门资金，占比分别为 15%、4%、不足 1% 以及 14%；在 CTF 和 GCF 中，其占比均达到了 30% 左右。总之，已有部分私人部门参与到了气候治理中，但相对于政府部门、多边机构等其他来源渠道资金，该方面的资金占比仍相对较小。

表 3 - 2　　　　　　　　　气候资金的来源渠道　　　　　　　单位：%

气候资金机制	资金流动渠道			
	多边渠道	各国政府	私人部门	双边渠道及其他
GEF - 5	35	38	15	12
CTF	30	13	33	24
PPCR	67	15	4	14
FIP	48	50	< 1	2
SREP	34	27	14	25
GCF	47	14	30	8

资料来源：2017 年 WRI 发布的 *Future of the Funds*：*Exploring the Architecture of Multilateral Climate Finance*，https：//www.wri.org/publication/future - of - the - funds。

（四）多边发展银行

多边发展银行已将相关应对气候变化行动纳入其核心业务中，并通过设立相关气候资金倡议来减缓和适应气候变化。例如，世界银行设立了森林碳伙伴基金（FCPF），旨在利用碳市场收入来帮助发展中国家减少毁林、森林退化造成的碳排放以及提高森林生态系统碳储量等。目前，FCPF 已与非洲、亚洲、拉丁美洲及加勒比地区的 47 个发展中国家建立了联系，并与 17 个援助国展开合作，管理 13 亿美元的气候资金①。非洲发展银行（AfDB）则负责管理刚果盆地森林基金（CBFF），该基金主要受英国和挪威的资金资助，并用于开展降低森林砍伐率、加强可持续森林管理等减少 GHG 排放的活动。此外，欧洲投资银行（EIB）设立的全球能源效率和可再生能源基金（GEEREF）则属于基金的基金，该基金创新地将私人部门纳入其中，主要用于撬动发展中国家及经济转型国家中的私人部门资金，来推动清洁能源项目的发展。截至 2015 年 5 月，GEEREF 已撬动的私人部门投资达 222 亿欧元②。

三、气候资金的筹资性质

气候资金包括各类不同性质的资金类别。根据田丹宇（2015）的划分方法，气候资金的筹资性质可分为四类：一是《公约》框架下以公共赠款为主的出资；二是来自某些缔约国、国际组织、私人部门甚至个人的捐助；三是通过国际碳市场筹集的资金；四是通过《公约》框架外的国际项目合作筹集的气候资金。与上述研究略有不同，本章主要探讨《公约》框架下气候资金的筹资性质，故将气候资金分为公共气候资金（公共赠款及优惠贷款）、私人部门资金和碳市场融资三类分别进行阐述。

（一）公共气候资金

公共气候资金是气候资金的主要构成部分，该部分资金通常通过公共赠款及优惠贷款的方式来提供。正如前文所提到的，《公约》对气候资金进行了相关规定，如"新的和额外的资金""赠予或转让基础上提供资金"等内容。虽然，《公约》并未规定各发达国家的气候资金援助数额，但却明确了气候资金的公共赠款性质。实际上，除公共赠款外，《公约》框架下的部分气候资金也通过优惠贷款的方式予以提供。进一步根据 2018 年 UNFCCC 所发布的气候资金评估报告，2015～2016 年不同来源渠道公共气候资金的平均援助额及筹资性质如表 3-3 所示。

---

① 数据来源于 https：//www. forestcarbonpartnership. org/about。
② 数据来源于 https：//geeref. com/about/what - geeref - is. html。

表 3 - 3　　　　　　　2015 ~ 2016 年公共气候资金的筹资性质

资金来源渠道	年平均额（十亿美元）	筹资性质（%）		
		赠款	优惠贷款	其他
多边气候资金	1.9	51	44	5
双边气候资金	31.7	47	52	< 1
多边发展银行气候资金	24.4	9	74	17

注：（1）数据来源于 OECD - DAC；（2）多边气候资金主要包括小农适应气候变化专项基金（ASAP）、AF、生物碳基金（BCF）、CTF 等；（3）双边气候资金为各发达国家向发展中国家提供的气候资金。

　　根据表 3 - 3 可知，在多边气候资金中，51% 的气候资金以赠款方式提供，以优惠贷款方式提供的气候资金占 44%；在双边气候资金中，47% 的气候资金以赠款方式提供，以优惠贷款形式提供的气候资金则占 52%；总体来看，多边及双边气候资金中的赠款及优惠贷款均占到 90% 以上。此外，由多边发展银行提供的气候资金则主要以优惠贷款的方式提供给发展中国家，赠款成分仅占 9%。结合气候资金基本架构（见图 3 - 1），本章认为多边发展银行等金融机构在提供气候资金的过程中，充分考虑了气候资金的有偿性使用属性。

（二）私人部门资金

　　现阶段，私人部门资金在气候资金中的作用不断增强（刘倩等，2018）。根据气候政策倡议（CPI）2019 年发布的研究报告，2013 ~ 2018 年公共气候资金与私人部门资金的具体分布（见图 3 - 2）呈现出以下特征：一方面，私人部门资金的绝对额呈逐年上升趋势，已从 2013 ~ 2014 年的 2200 亿美元上升至 2017 ~ 2018 年的 3260 亿美元，上涨近 48.18%；另一方面，私人部门资金占气候资金总额的比重均高于 50%，反映出在气候资金中私人部门资金占据主要地位。但也需注意到，私人部门资金占比呈现出一定下降趋势，已从 2013 ~ 2014 年的 60.27% 下降至 2017 ~ 2018 年的 56.30%。对此，陈兰等（2019）对私人部门资金的未来发展作出了预测，认为随着技术的逐渐进步和国际市场的日益成熟，私人部门资金仍将成为发达国家实现长期资金目标（1000 亿美元）的重要支撑。

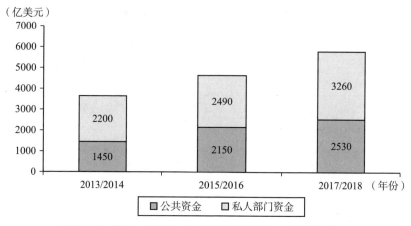

图 3 - 2   2013 ~ 2018 年公共与私人部门资金的分布情况

注：（1）数据来源于 CPI2019 年发布的 *Global Landscape of Climate Finance* 2019，https：//climatepolicyinitiative. org/publication/global - landscape - of - climate - finance - 2019/；（2）各阶段数据为连续两年的平均额。

（三）碳市场融资

1997 年的《京都议定书》催生了以碳排放权为主的碳交易市场机制，确定了联合履行机制（JI）、CDM 和排放交易机制（ET）三机制，创新了气候资金来源。其中，JI 机制为附件一国家之间进行项目级的碳交易提供了途径。附件一国家所包含的发达国家与经济转型国家的减排成本存在差异，发达国家的减排成本相对较大，经济转型国家的减排成本较小，前者可通过对后者投资相关减排增汇项目来获得减排单位（ERUs），最终使得发达国家得以低成本地履行减排责任。CDM 机制主要适用于附件一国家与非附件一国家之间的碳交易，即附件一国家可通过对非附件一国家投资相关减排增汇项目来获得"经核证的减排量"（CER）以履行《京都议定书》规定的减排义务。与以项目为基础的 JI 和 CDM 不同，ET 指的是附件一国家之间互相买卖碳减排配额的机制，即若一国企业通过技术升级等手段所产生的碳排放量低于其碳排放配额，则该企业可将剩余的碳排放配额卖给其他有需求的企业。基于 ET 机制建立的欧盟排放交易体系、美国的区域性碳市场、澳大利亚排放交易体系等全球主要碳排放体系已成为实现碳减排的重要手段。

在上述三类资金机制中，CDM 机制作为当前应用较为广泛的碳市场融资手段之一，其所带来的收益也是 AF 的重要来源①。根据 CDM 执行委员会于 2018 年 8 月发布的研究报告显示，2001～2018 年通过 CDM 机制注册的项目高达 7803 项，所涉及的投资额达 3038 亿美元，而流向了 AF 的资金也达 2 亿美元。上述项目在发展中国家实现了近 20 亿吨 CO_2 当量的减排量，足以表明此部分资金在减缓 CO_2 排放以应对气候变化中起到了至关重要的作用②。

第三节　国际气候援助的总体趋势与分布特征

一般而言，气候援助主要包括减缓性气候援助和适应性气候援助两类③。据此，本章逐一对两方面气候援助的总体援助趋势、地区与部门分布特征进行针对性的统计分析。

一、减缓性气候援助

（一）总体援助趋势

根据 OECD 提供的数据，2000～2017 年双边减缓性气候援助的变动趋势如图 3－3 所示。根据里约标识系统，减缓气候变化行动的目标分为主要目标和重要目标两类，即上界与下界④。从图 3－3 呈现的援助趋势来看，上述两类及总体上的双边减缓性气候援助均呈现出上升趋势，这反映出随着全球温室气体的上升，国际社会越加重视通过减缓温室气体排放来应对气候变化，进而促使流入减缓气候变化领域的双边气候援助呈上升趋

---

① 如前面所述，AF 的资金主要来源于 CDM 项目所产生的温室气体核证减排量（CERs）的 2% 的收益、发达国家的自愿捐资以及少量投资收益。
② 具体可详见 *Achievements of the CDM 2001－2018: Harnessing Incentive for Climate Action*，https: //unfccc. int/sites/default/files/resource/UNFCCC_CDM_report_2018. pdf.
③ 鉴于多边援助较为分散且统计口径多样，故本节仅分析双边减缓性及适应性气候援助的分布特征。
④ 里约标识系统对实现不同气候目标的援助进行了量化，并在其所统计数据中，对以减缓或适应气候变化为主要目标（principal objectives）和重要目标（significant objectives）的活动进行了区分。其中，以减缓或适应气候变化同时作为主要目标和重要目标的活动代表援助的上界；仅以减缓或适应气候变化为主要目标的活动代表援助的下界。本书后续出现的上界与下界，与该含义相同，特此说明。

势。值得说明的是，2010 年的减缓性气候援助出现了较大幅度的增长，这与 2009 年召开的哥本哈根气候大会（COP15）存在关联。具体而言，COP15 通过了不具法律约束力的《哥本哈根协议》草案，2010 年坎昆气候大会（COP16）进一步将上述协议法律化。在《哥本哈根协议》中，发达国家承诺 2010～2012 年提供 300 亿美元的"快速启动资金"，同时还设立了长期资金计划。本章认为部分积极应对气候变化的发达国家为推动《哥本哈根协议》尽快生效，积极落实相关资金承诺，从而使得 2010 年减缓性气候援助出现了较大幅度的上升。当然，双边减缓性气候援助在经历短暂急剧上浮后，其在 2011 年又恢复到一个正常的发展水平，但相对于 2009 年的援助水平仍呈现出一定的上升趋势。

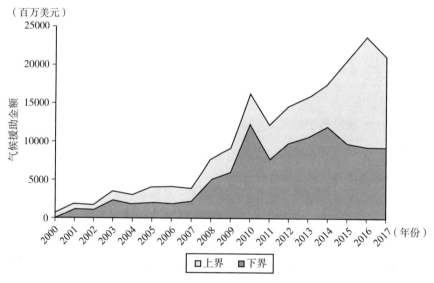

图 3-3　2000～2017 年双边减缓性气候援助的援助趋势

资料来源：OECD 数据库，http：//www. oecd. org/dac/financing - sustainable - development/development - finance - topics/climate - change. htm。

（二）地区分布特征

对于气候援助的地区分布特征，本章从受援国的视角出发，并以 2017 年双边减缓性气候援助为例展开分析。图 3-4 报告了 2017 年双边减缓性气候援助在亚洲、非洲、美洲、欧洲及大洋洲等地区的分布情况，图 3-5 则报告了上述援助在不同收入水平国家的分布情况。通过图 3-4 可以发现，双边减缓性气候援助主要流入了亚洲地区，其次为非洲及美洲地区，欧洲和大洋洲地区也有少量气候援助分布。亚洲是得到气候援助最多的地区，这与该地区内的国家具有较高的碳排放水平不无关系。以 2016 年为例，亚洲地区产生的 CO_2 排放在各大洲中位列首位，占全球总排放比重高达 49%[1]。高碳排放水平使得亚洲地区国家具有较高的减排资金需求，这可能有助于这些国家得到相对较多的减缓性气候援助。例如，位于亚洲地区的印度及印度尼西亚均属于碳排放大国，两国也是 2017 年得到气候援助最多的国家，分别达 299 亿美元和 103.14 亿美元。非洲地区得到的气候援助仅次于亚洲，位列第二。该地区获得较多气候援助的原因可能在于，与其他地区国家相比，非洲地区国家应对气候变化的能力相对脆弱，减缓气候变化同样对这些国家非常重要，故其也得到了相对较多的气候援助。对于美洲地区，其在 2016 年贡献了全球 30% 的 CO_2 排放，也是气候援助的重要支持地区。例如，位于美洲地区的碳排放大国巴西得到了较多的气候援助，2017 年获得的气候援助与印度尼西亚相当，达 103.90 亿美元。

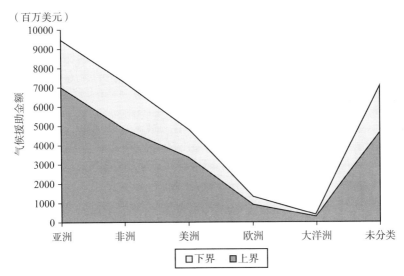

（百万美元）

图 3 – 4 2017 年双边减缓性气候援助的地区分布情况（据地理位置划分）

注："未分类"指的是未标注具体流入地区的气候援助。

资料来源：OECD 数据库，http：//www.oecd.org/dac/financing – sustainable – development/development – finance – topics/climate – change.htm。

---

① 数据来源于 https：//ourworldindata.org/co2 – and – other – greenhouse – gas – emissions。

进一步从图 3-5 可以看出，双边减缓性气候援助主要流入了中低收入国家，其次为中高收入与最不发达国家，有少量气候援助流入了低收入国家。本章认为，中低收入及中高收入国家多处于加快工业化进程的阶段，其所产生的碳排放水平较高，加之低碳技术较为落后，使得上述国家具有更高的减排资金需求，进而更易获得气候援助。最不发达国家由于产业结构较为低碳，部分国家仍以第一产业为支柱产业，这些国家的碳排放水平相对较低，故得到的气候援助也较少。还需注意的是，低收入国家是得到气候援助最少的国家。原因在于，上述国家多处于摆脱贫困、发展经济的初级阶段，碳排放水平较低[1]，这一现状可能意味着这些国家对于减排资金的需求并不紧迫，故得到了最少的气候援助。

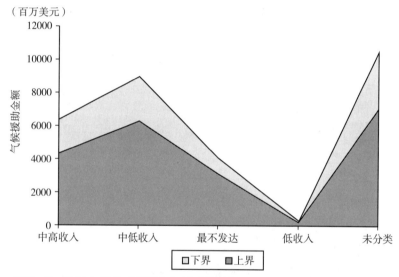

图 3-5　2017 年双边减缓性气候援助的地区分布情况（据收入水平划分）
注："未分类"指的是未标注具体流入地区的气候援助。
资料来源：OECD 数据库，http：//www. oecd. org/dac/financing - sustainable - development/development - finance - topics/climate - change. htm。

（三）部门分布特征

减缓气候变化行动主要涉及能源、仓储运输业、农、林及渔业、供水及卫生、基础设施及社会服务五个重点领域。基于此，本章统计了 2017

---

① 根据 Our World in Data 网站 2019 年提供的数据，低收入国家仅贡献了 0.5% 的全球碳排放。

年流入上述领域双边减缓性气候援助的分布情况，具体如图 3-6 所示。从中可见，能源部门得到的气候援助最多，高达 107.94 亿美元。究其原因，能源部门是碳排放的主要来源部门，同时也是碳减排潜力最大的部门，故其成为了气候援助的主要流入部门；加之，现阶段大多数发展中国家用于提高能源效率的低碳技术较为落后，且可再生能源发展基础薄弱，这一发展现状也促进气候援助向能源部门倾斜。此外，也有相对较多的气候援助流向仓储运输业和农、林及渔业，援助金额分别为 26.70 亿美元和 26.63 亿美元，其余部门领域得到的气候援助则相对较少。

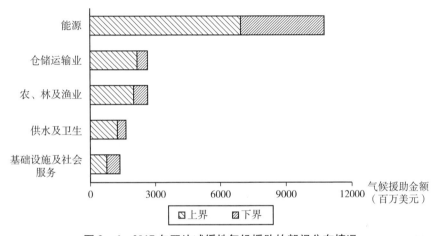

图 3-6 2017 年双边减缓性气候援助的部门分布情况

资料来源：OECD 数据库，http：//www.oecd.org/dac/financing-sustainable-development/development-finance-topics/climate-change.htm。

二、适应性气候援助

（一）总体援助趋势

根据 OECD 提供的数据，2000~2017 年双边适应性气候援助的变动趋势如图 3-7 所示。可以发现，一方面，适应性气候援助的援助历史较短，自 2009 年开始渐有发达国家将援助资金用于适应气候变化领域[①]；另一方面，适应性气候援助总体上呈现出明显的上升趋势，但相对低于减缓性气

[①] 2007 年召开的巴厘岛会议（COP13）决议设立适应基金，2008 年组建了适应基金委员会，2009 年获得了第一笔来自拍卖 CDM 项目经核证的减排量的收益。

候援助的绝对额（见图 3 - 3）。以 2017 年为例，用于适应气候变化领域的援助资金总额为 181. 30 亿美元，低于同期的减缓性气候援助资金 211. 02 亿美元，反映出减缓性气候援助相对占据主导。对此，张超、边永民（2018）也指出发达国家在资金援助方面确实更加偏好于减缓气候变化领域，即存在"重减缓、轻适应"的情况。

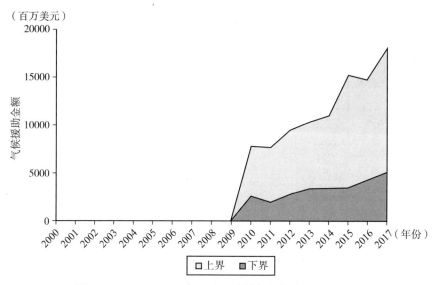

图 3 - 7　2000 ~ 2017 年双边适应性气候援助的援助趋势

资料来源：OECD 数据库，http：//www. oecd. org/dac/financing - sustainable - development/development - finance - topics/climate - change. htm。

（二）地区分布特征

与减缓性气候援助相同，本章进一步关注到适应性气候援助的地区与部门分布特征。在地区分布特征方面，图 3 - 8 和图 3 - 9 分别报告了 2017 年双边适应性气候援助在亚洲、非洲、美洲、欧洲及大洋洲等地区的分布情况以及其在不同收入水平国家的分布情况。如图 3 - 8 所示，与双边减缓性气候援助略有不同，双边适应性气候援助主要流入了非洲地区，其次为亚洲及美洲地区，欧洲和大洋洲地区也有少量气候援助分布。在全球温室气体排放日益严峻的背景下，全球气候变暖趋势短期内不可能被停止或逆转，多数非洲地区国家的气候脆弱性更加凸显；同时，非洲众多国家的经济主要以气候敏感的自然资源为基础，包括依赖雨水灌溉的温饱型农业，资源禀赋特征使得这些国家更易受到气候变化的影响①。上述两方面因素决定了非洲地区国家在适应气候变化方面更具紧迫性，进而能够得到相对最多的适应性气候援助。例如，非洲地区的马拉维、肯尼亚、加纳、坦桑尼亚等 17 国均属于"气候脆弱国家论坛"（Climate Vulnerable Forum）的成员国，这些国家均得到了较多的援助。此外，亚洲地区也得到了较多的气候援助。以 2017 年为例，印度、印度尼西亚、越南、菲律宾和斯里兰卡等亚洲国家均得到了较多的援助，且上述国家均位于得到双边适应性气候援助排名前十的国家之列。

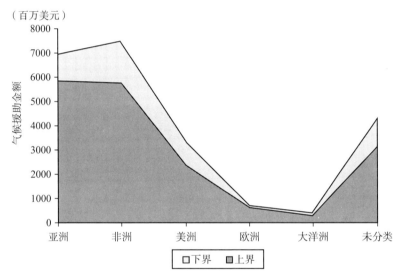

图 3 – 8　2017 年双边适应性气候援助的地区分布情况（据地理位置划分）

注："未分类"指的是未标注具体流入地区的气候援助。

资料来源：OECD 数据库，http：//www. oecd. org/dac/financing – sustainable – development/development – finance – topics/climate – change. htm。

　　如图 3 – 9 所示，与双边减缓性气候援助的分布情况相同，双边适应性气候援助同样主要流入了中低收入国家，其次为最不发达国家及中高收入国家，仅有少量援助流入低收入国家。中低收入国家、最不发达国家之所以得到了最多的援助，原因可能在于上述国家面临着国内基础设施相对

---

① 引自联合国秘书长潘基文在 2015 年巴黎会议（COP21）期间的"非洲与气候变化"高级别会议上的讲话，https：//news. un. org/zh/story/2015/12/247642。

落后、社会服务供给短缺、生态系统较为脆弱等现实问题，进而导致其在应对气候变化所带来的灾害方面能力不足。上述现状意味着中低收入国家、最不发达国家更加迫切地需要得到发达国家的资金援助。对于中高收入国家，其中的部分新兴发展中国家处于经济实力的快速上升时期，更加注重经济发展过程中的碳排放控制，而对适应气候变化方面的资金需求并不十分紧迫。因此，该部分国家仅得到了相对较少的适应性气候援助。

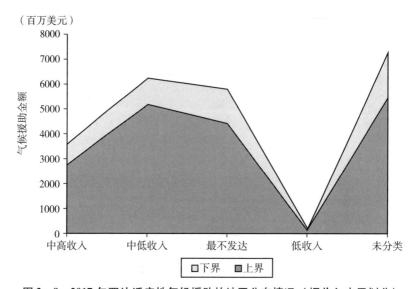

图 3 - 9　2017 年双边适应性气候援助的地区分布情况（据收入水平划分）

注："未分类"指的是未标注具体流入地区的气候援助。

资料来源：OECD 数据库，http：//www. oecd. org/dac/financing - sustainable - development/development - finance - topics/climate - change. htm。

（三）部门分布特征

适应气候变化行动主要涉及农、林及渔业、供水及卫生、能源、仓储运输业、防灾准备、应急响应六个部门。以 2017 年双边适应性气候援助为例，其部门分布特征如图 3 - 10 所示。可以发现，农、林及渔业、供水及卫生两部门得到了相对较多的适应性气候援助，两个部门得到的援助分别达 5889 百万美元和 3995 百万美元；能源、仓储运输业次之，防灾准备、应急响应部门得到的援助相对较少，这四个部门得到的援助金额总计为 2954 百万美元。上述分布特征反映出，适应性气候援助仍相对集中于个别部门，且对防灾准备、应急响应等部门也给予了一定关注，这与双边减缓性气候援助的部门分布特征有所不同。

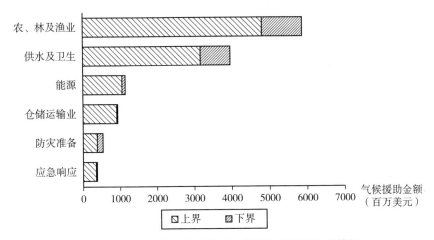

图 3 - 10　2017 年双边适应性气候援助的部门分布情况

资料来源：OECD 数据库，http：//www. oecd. org/dac/financing - sustainable - development/development - finance - topics/climate - change. htm。

第四节　国际气候援助的主要实施领域

根据《公约》第四条第 1 款（b）可知，1992 年的《公约》不仅确立了气候资金机制，其还规定各缔约方应就相关减缓和适应气候变化行动进行定期评估与报告①。正是在该条款指导下，各援助国主要在减缓和适应气候变化两方面实施具体的气候援助。本节将针对性地对上述两方面气候援助中的主要实施领域进行分析，以期更为全面地总结出气候援助的发展现状。

一、减缓气候变化方面

应对气候变化的关键在于减少温室气体的排放量，并通过增加森林碳

---

① 《公约》第四条第 1 款（b）指出："制订、执行、公布和经常地更新国家的以及在适当情况下区域的计划，其中包含从《蒙特利尔议定书》未予管制的所有温室气候的源的人为排放和汇的清除来着手减缓气候变化的措施，以及便利充分地适应气候变化的措施"。

汇来降低大气中温室气体浓度。换言之，减少温室气体排放的"源"和增加吸收温室气体的"汇"的活动称为"减缓"。

一般而言，减缓活动多通过具体部门进行实施，通过减少某具体部门温室气体排放来实现整体的减排。根据 IPCC（2007，2014）的报告，本章总结梳理了不同部门领域中减缓气候变化的主要途径，具体如表 3－4 所示。可以看出，减缓气候变化的主要实施领域分布于能源、交通运输、建筑、工业等六个部门。而且，其多涉及 CCS、BECCS 等低碳技术，以及太阳能、生物能源等可再生能源技术，抑或是其他节能减排技术。不难发现，减缓气候变化领域所涉及的相关低碳、可再生能源技术等在发展中国家仍较为落后。若气候援助可促进上述低碳技术从发达国家向发展中国家转移，这不仅可促进发展中国家低碳技术的发展，还可有效降低这些国家的碳排放。

表 3－4　　　　　　　　　减缓气候变化项目的主要实施领域

具体部门	减缓气候变化的主要途径
能源	化石燃料转换为低碳化石燃料；提高输电和配电过程的能源效率；推动可再生能源发展（如太阳能、生物能源、地热能、水力发电、潮汐能、海洋能等）；核能的利用；碳捕捉与封存技术（CCS）用于大型化石燃料发电设备等；生物能源与碳捕捉和储存（BECCS）技术创造负碳排放等
交通运输	内燃机的节能减排；混合动力车；改善铁路、水上交通工具和飞机的发动机性能、系统设计等；促进各类交通工具采用先进的推进系统；采用低碳燃料（如压缩天然气、生物燃料等）等
建筑	建筑采光与照明节能；节能高效家用电器；节能减排设备材料（如保温隔热材料等）；建筑采暖（如地源热泵系统的应用）；建筑自动化和控制系统的发展；商用建筑的一体化设计（如智能电表和智能电网等的使用）等
工业	在提高能效方面，如炼钢等过程中能量的回收和利用、升级化工生产中的过程工艺技术等；在提高排放效率方面，如 CCS 技术在钢铁和水泥等生产中的应用、使用生物能等节能燃料等；在提高材料利用率方面，如减少塑料包装的使用等
农业	使用改良的作物品种、添加作物残茬或粪便、有效的灌溉等农艺措施来增加土壤的碳储存；精准施肥管理以减少 N_2O 的排放；农林间作；土地利用和覆盖变化；退化土地修复；生物质炭的应用等
林业	减少森林砍伐；造林与再造林，提升森林碳汇能力；可持续森林管理及木材生产（如延长轮作周期、实施水土保持措施等）；森林生态系统修复；加大湿地保护；延长木材的使用寿命；建立森林火灾、病虫害预警系统等措施

资料来源：根据 IPCC 所发布的 AR4 *Climate Change* 2007：*Synthesis Report*（https：//www. ipcc. ch/report/ar4/syr/）、*AR5 Synthesis Report*：*Climate Change* 2014（https：//www. ipcc. ch/report/ar5/syr/）报告整理所得。

进一步而言，减缓气候变化方面的主要实施领域还可从具体援助资金机制得到体现。根据 CFU 提供的 2003 ~ 2018 年减缓气候变化方面的气候援助数据（见表 3 - 5），可以看出，清洁技术、能源相关领域是减缓气候变化的主要实施领域。具体而言，CTF 的承诺额和批准额均在各资金机制中占据首位，且所批准的项目数也相对较多；与能源直接相关的资金机制包括 SREP、GEEREF 等，这些基金提供的减缓援助项目主要侧重于能源领域，并致力于通过提升能源效率及推动可再生能源发展等途径来帮助发展中国家实施减缓气候变化行动。同时，GEF 的减缓援助项目也多涉及能源部门领域，这些援助项目旨在促进可再生能源技术转移，以加快农村电气化建设，改善贫困人口的能源供应；GCF 的减缓援助项目的覆盖领域最为广泛，各个部门均有所涉及，包括能源相关领域。此外，根据 CFU 提供的数据显示，上述气候援助多用于支持具有较大减排需求和减排潜力的发展中国家，如印度（11.2 亿美元）、摩洛哥（6.53 亿美元）、墨西哥（6 亿美元）、印度尼西亚（5.55 亿美元）和南非（4.9 亿美元）等国均是获批减缓援助资金最多的受援国[①]。

表 3 - 5　　2003 ~ 2018 年减缓气候变化方面的气候援助金额及项目数

单位：百万美元

具体资金机制	承诺额	批准额	项目数
清洁技术基金（CTF）	5443.91	4989.40	109
全球环境基金（GEF4&5&6）	3326.45	2715.73	726
绿色气候基金（GCF）	10302.30	1793.20	26
可再生能源推广计划（SREP）	744.54	591.62	47
全球能源效率和可再生能源基金（GEEREF）	281.5	223.6	19
市场准备伙伴计划（PMR）	129.6	89.62	42

资料来源：CFU 网站发布的 *Climate Finance Thematic Briefing*：*Mitigation Finance*（2018），https：//climatefundsupdate. org/publications/climate - finance - thematic - briefing - mitigation - finance - 2018/。

---

① 资料来源：CFU 网站发布的 *Climate Finance Thematic Briefing*：*Mitigation Finance*（2018），https：//climatefundsupdate. org/publications/climate - finance - thematic - briefing - mitigation - finance - 2018/。

二、适应气候变化方面

随着全球温室气体的逐年上升，现有的减缓气候变化行动阻止持续温升趋势仍存在诸多困难，此时适应气候变化越加显得更具现实性和紧迫性（Araos et al.，2016）。适应气候变化主要是通过各种工程和非工程措施等来化解气候风险，以应对实际的或预期的气候变化。

气候援助所涉及的水资源、海岸带和相关海域等适应气候变化领域，具体如表 3 - 6 所示。可以看出，一方面，人类需要通过被动地修建水库和水坝、改变农作物种植方法、修复沿海生态系统、开展生态移民等方式来应对气候变化；另一方面，还需通过主动地建立自然灾害预警系统、合理开发水资源和旅游资源、加强科学研究、开展公共教育等手段来未雨绸缪地应对气候变化。

表 3 - 6 适应气候变化项目的主要实施领域

具体领域	适应气候变化的主要途径
水资源	从水资源供应角度：地下水的合理开采、通过修建水库和水坝来增加储水量、海水淡化、雨水处理和储存、河岸植被缓冲带、调水工程等；从水资源需求角度：循环利用水资源以提升水资源效率、通过改变农作物种植方法等来减少灌溉用水、通过进口农产品减少灌溉用水需求（虚拟水）、提高水资源配置效率、鼓励节约用水等
海岸带和相关海域	合理规划涉海开发活动、加强沿海生态修复和植被保护、加强海洋灾害监测预警、危险意识教育、保护沿海地形（如珊瑚礁）和湿地生态系统（如红树林等）以抵御风暴潮和洪水等
工业、服务业和基础设施	增加生产的弹性、原材料供应的多样化；批发和零售行业可通过改变存储和配送系统来减少脆弱性、旅游业应合理开发和保护旅游资源等；科学规划城市生命线系统、完善灾害应急系统等
农业和林业	整合其他农业活动（如畜牧业），实现收入的多样化；提高病虫害和杂草管理措施的有效性；推广旱作农业、保护性耕作等技术；加强对灌溉基础设施和高效用水技术的投资；优化林分结构、选择优良乡土树种；提高森林火灾防控能力；适时开展生态移民，减轻脆弱地区压力；利用季节性气象预报来降低生产风险；推动包括保险在内的相关金融服务等
人体健康	热浪和疟疾暴发的早期预警系统；季节性气象预报来提升人们的适应能力；开展公共教育和宣传活动等干预措施有效地减少腹泻和病媒传播疾病的风险；通过加强饮用水卫生监测等来完善卫生防疫体系建设；制订和完善应对极端天气（低温雨雪冰冻等）的卫生应急预案等

资料来源：根据 IPCC 所发布的 AR4 *Climate Change* 2007：*Synthesis Report*（https：//www.ipcc.ch/report/ar4/syr/）、AR5 *Synthesis Report*：*Climate Change* 2014（https：//www.ipcc.ch/report/ar5/syr/）报告整理所得。

同样根据 CFU 提供的统计数据，本章在表 3 - 7 中报告了 2003～2018 年用于适应气候变化领域的气候援助情况，一定程度上也能够反映出适应性气候援助的主要实施领域。以援助批准额与项目数最多的 LDCF 为例，该基金自 2001 年设立以来主要协助最不发达国家执行和实施国家适应行动计划（NAPAs），以满足上述国家在 UNFCCC 下包括适应气候变化在内的各种特殊需求。其中，目标部门主要包括水资源、农业、食品安全、健康以及灾难风险管理等，这与表 3 - 6 所涉及的领域相一致。此外，ASAP 是专门针对农业领域而设立的资金机制，这一定程度上反映出农业部门是适应性气候援助的主要实施领域。

表 3 - 7　　2003～2018 年适应气候变化方面的气候资金金额及项目数

单位：百万美元

具体资金机制	承诺额	批准额	项目数
最不发达国家基金（LDCF）	1371.72	1219.80	278
绿色气候基金（GCF）	10302.30	1153.65	42
气候适应试点项目（PPCR）	1154.66	960.43	67
适应基金（AF）	755.45	531.57	163
小农适应气候变化专项基金（ASAP）	381.67	307.00	42
气候变化特别基金（SCCF）	371.06	285.65	69

资料来源：CFU 网站发布的 *Climate Finance Thematic Briefing*：*Mitigation Finance*（2018），https：//climatefundsupdate.org/publications/climate - finance - thematic - briefing - mitigation - finance - 2018/。

第五节　国际气候援助的未来发展挑战

至此，本章在介绍《公约》框架下气候资金发展历程的基础上，从总体援助趋势、地区与部门分布特征、主要实施领域等多个方面，对气候援助的发展历程与现状进行详细梳理与分析。结合上述分析，本章对气候援助未来发展中可能面临的挑战进行如下概述。

一、中长期援助资金计划面临挑战

发达国家所承诺的中长期资金援助计划面临一系列挑战。一方面，由于《公约》等相关官方文件对发达国家出资义务界定不明确等原因，致使发达国家提供资金援助的政治意愿不足，进而不利于长期援助资金的落实。此外，随着部分发展中国家经济实力及政治地位的不断增强，发达国家企图在相关国际谈判进程中模糊发达国家与发展中国家的界限，进一步使得发展中国家阵营出现分化，这同样不利于中长期援助资金的尽快落实。另一方面，许多不同名目的资金被贴上"气候"标签重复计算[①]，导致援助资金的性质并不符合"新的和额外的资金"要求。具体而言，由于援助资金的落实缺乏透明度，部分发达国家依旧通过原有的 ODA 来提供相关气候援助，还有国家提供的援助资金并未体现出公共赠款的特征。

二、公共赠款性质的出资意愿不足

发达国家在公共赠款方面难有新的实质性行动，气候资金的来源渠道呈现出了由公共到私人、单一到多元的发展趋势。一方面，资金问题并未在 2019 年 12 月召开的马德里会议（COP25）上达成相关共识，推动发达国家落实 1000 亿美元的资金计划存在较大困难。至今为止，资金问题是气候谈判中进展相对较小的议题，预计发达国家短期内不会落实相关援助资金计划。另一方面，除公共赠款外，国际社会试图通过撬动私人部门资金、推动碳市场建设等替代方式来扩充气候资金的来源，以缓解公共资金不足等方面问题。但需注意的是，来源于私人部门及碳市场方面的气候资金并不符合《公约》规定的"共同但有区别的责任"原则等。在资金的筹措来源方面，发展中国家应强调并坚持气候资金应体现出公共赠款的性质[②]。

三、减缓性气候援助缺口日益扩大

发展中国家高额的减排资金需求与发达国家难以兑现的援助承诺是现阶段全球气候治理面临的主要矛盾之一（洪祎君等，2018）。根据各国所

---

① 引自中国生态环境部于 2019 年 11 月发布的《中国应对气候变化的政策与行动 2019 年度报告》。

② 对此，田丹宇（2015）也指出，应坚持允许"灵活方式"参与国际气候资金机制的前提是发达国家不借此逃避《公约》下以公共赠款为主的出资义务，不借此帮助其他国内私人部门挤占发展中国家的绿色低碳产业市场。

提交的 NDC 文件，在仅考虑减排部分的情况下，发展中国家的资金需求为 1100 亿~3000 亿美元，目前的资金来源仅为上述需求的 30%~50%[①]，仍存在较大的资金缺口。进一步而言，逆全球化现象的出现，如美国退出《巴黎协定》等，促使本不充裕的气候援助面临更大的资金缺口。所以，发展中国家日益增长的资金需求与发达国家承诺额之间的差距或在短时期内难以缩小。

本 章 小 结

在全球气候治理的背景下，本章从历史沿革、基本架构、筹资性质三方面梳理《公约》框架下气候资金的发展情况后，进一步从减缓和适应两方面分析了气候援助的总体援助趋势、分布特征以及主要实施领域，并对其在未来发展中可能面临的挑战进行分析，以期全面梳理与总结气候援助的发展历程与现状。本章得到的相关结论具体如下。

第一，全球气候治理经历了认知阶段、治理框架确立阶段、完善阶段、变革阶段等多个发展阶段，并以 2015 年《巴黎协定》的签署为标志而迈入气候治理的新阶段。《公约》框架下的气候资金机制仍在不断地发展，气候资金的基本架构主要包括多边气候资金、双边气候资金、私人部门资金及多边发展银行四方面。此外，气候资金多种筹资性质并存，主要包括公共气候资金、私人部门资金和碳市场融资三类。

第二，气候援助分布特征的统计分析表明，在减缓气候变化方面，双边减缓性气候援助总体上呈现逐年上升的趋势，其主要流入了亚洲、非洲及美洲地区，以及中低收入、中高收入及最不发达国家。在适应气候变化方面，双边适应性气候援助的援助历史相对较短，同样呈现出逐年上升的趋势，其主要流入了非洲、亚洲及美洲地区，以及中低收入和最不发达国家。

第三，气候援助主要涉及减缓和适应气候变化两方面领域。在减缓气候变化领域，气候援助主要分布于能源、交通运输、建筑、工业等六个部门，其主要通过推广 CCS、BECCS 等低碳技术，以及太阳能、生物能源等

---

① 数据来源于由科学技术部、社会发展科技司和中国 21 世纪议程管理中心编著的《应对气候变化国家研究进展报告 2019》。

可再生能源技术等手段来提高受援国的能源效率、改善能源结构以及促进可持续的森林管理等。在适应气候变化领域，气候援助主要分布于水资源、海岸带、农业和林业等领域，其主要通过实施相关修复措施、建立自然灾害预警系统等手段来提升受援国应对实际的或预期的气候变化的能力。

第四，国际气候治理在推动发达国家落实中长期援助资金计划方面面临重大挑战。同时，援助资金的来源渠道呈现出了由公共到私人、单一到多元的发展趋势，使得推动发达国家以公共赠款方式提供气候援助的谈判空间日益狭小。此外，发展中国家日益增长的资金需求与发达国家承诺额之间的差距难以在短时期内明显缩小。

第四章

国际气候援助碳排放效应的理论分析

　　考察气候援助有效与否，一个关键的评判标准就是分析其能否有助于受援国实现碳减排，故有必要对气候援助的碳排放效应进行分析与检验。对此，本书将分别从理论与实证分析两个方面，全面地分析气候援助的碳排放效应，进而对气候援助的效果进行评判。在理论分析方面，本章将构建包含气候援助①、生产最优化以及最优碳排放约束量的一般均衡模型，运用比较静态分析方法综合地考察气候援助对受援国碳排放的影响，以期为后续的实证分析奠定重要的理论基础。

　　对于一般均衡模型，其涵盖的基本内容和模型结构大致相同，其是一个考虑现实经济系统中所有经济关系的方程组，同时涉及消费者、生产者行为以及市场运行机制。该模型基于相关消费和生产理论，将不同个体通过市场竞争机制联系在一起，而供求双方则通过市场竞争达到均衡状态。换言之，一般均衡理论描述的内容为全部微观个体都达到均衡时的状况（张晓光，2009）。基于此，本章将气候援助作为为受援国经济系统所接受的一个外来冲击，主要考察这一经济冲击能否对受援国碳排放产生影响。具体而言，在模型构建与均衡求解基础上，本章运用比较静态分析方法，对比无气候援助和有气候援助两种情况下受援国碳排放水平的高低，然后再考察受援国碳排放水平如何随气候援助的变化而变化。

---

　　① 根据第三章的现状分析可知，气候援助主要包括减缓和适应两方面。前者主要用于降低 GHG 排放，后者则主要用于保持或增强适应能力和复原力。显而易见，减缓性气候援助与受援国碳排放联系更为紧密，故本章所考察的气候援助为减缓性气候援助。上述考虑也与实证分析相一致，这使得本书研究更具连贯性。

第一节 基本模型设定

在现有相关研究基础上，本章试图建立考虑气候援助、生产最优化和最优碳排放约束量的一般均衡理论框架。与贝拉迪和奥拉迪（Beladi and Oladi，2011）相同，本章所建模型包括资本密集型和劳动密集型两个部门，分别生产具有不同污染强度的产品 C 和 L。其中，资本密集型部门属于污染密集型部门，而劳动密集型部门则属于相对清洁部门。政府作为经济系统中的调控者，其将选择最优碳排放约束量以约束部门生产过程中的排放量。此外，借鉴曹等（Chao et al.，2012）、哈吉亚尼斯（Hadjiyiannis et al.，2013）的研究，假设受援国的碳减排活动由政府部门进行，且减排活动由气候援助资助。

一、生产技术

借鉴邓力平、王智烜（2012）、奥拉迪和贝拉迪（Oladi and Beladi，2015）等建立的模型框架，假定生产部门采用李嘉图生产函数形式，资本密集型及劳动密集型部门的生产函数分别表示为：

$$Q_C = \min\{\alpha L_C，\beta E_C\} \qquad (4-1)$$
$$Q_L = \min\{\gamma L_C，\delta E_C\} \qquad (4-2)$$

其中，下标 C 和 L 分别代表资本密集型和劳动密集型部门。L_C、Q_C 分别对应于资本密集型部门的劳动投入量和产量；同理，L_L、Q_L 分别代表劳动密集型部门的劳动投入量和产量；E_C、E_L 则表示上述两部门生产过程中的碳排放，其以副产品的形式作为投入而被纳入生产函数中。一般地，α、β、γ 和 δ 均为大于零的生产参数，且外生给定。基于资本密集型和劳动密集型部门的生产特征，本章还假定 $\dfrac{\alpha}{\beta} > \dfrac{\gamma}{\delta}$。

在减排函数设定方面，王锋（2012）假设减排函数是关于资本和劳动的柯布道格拉斯生产函数；而相关国外学者则通常将减排函数抽象化处理，并未说明其具体的变化特征（Chao and Yu，1999；Chao et al.，2012；Oladi and Beladi，2015）。在上述研究基础上，考虑到本章将生产函数假定为关于劳动投入的函数，故进一步假设政府部门的生产技术为关于环保技术和所雇佣劳动力的函数，即：

$$A = aL_A^v \qquad (4-3)$$

其中，a 表示受援国的环保技术水平，外生给定。L_A 表示政府进行减排活动所雇佣的劳动力。再设 T 为气候援助额，ω 表示工资水平，则有 $\omega L_A = T$。可见，减排水平 A 完全由受援国环保技术水平和所雇佣的劳动力决定，而且 A 会随所雇佣劳动力（L_A）的增加而呈现出边际回报递减的现象，即有 $v \in (0, 1)$。

生产过程中的总排放 E 为两部门所产生的碳排放之和，则有：

$$E_C + E_L = E \qquad (4-4)$$

二、家庭行为

现实经济系统中，消费者福利不仅取决于消费者的物质消费，也与环境等方面紧密相关（黄茂兴、林寿富，2013）。在对外援助的环境效应理论研究中，对于消费者效用函数的设定，希勒布兰德和希勒布兰德（Hillebrand and Hillebrand，2019）将效用函数简化为关于消费量的函数，并未考虑环境污染对消费者效用造成的影响；与之不同，曹等（Chao et al.，2012）、奥拉迪和贝拉迪（Oladi and Beladi，2015）则将消费函数抽象化为关于消费和污染排放的函数，但并未采用拉姆塞（Ramsey，1928）的经典拉姆塞效用函数形式。据此，本章综合考虑消费和碳排放水平这一环境因素来定义消费者效用函数，并在经典拉姆塞效用函数的基础上，借鉴其他领域研究的通用做法（Grimaud and Rougé，2005；安超、雷明，2019），将效用函数修正为：

$$W = U(C_C,\ C_L) - \frac{X^{1+\theta} - 1}{1+\theta} \qquad (4-5)$$

其中，C_C 和 C_L 为家庭成员在某时刻对两种产品的消费数量；$U(C_C, C_L)$ 为瞬时效用函数，表示在某时刻经济社会中家庭成员的总瞬时效用；X 表示碳排放水平；θ 为环境意识参数，且满足 $\theta \subset (0,\ \infty)$，表示消费者对环境变差的警惕程度，其值越大表明对碳排放水平（X）越敏感，而且越高的碳排放水平对消费者效用的损害越大。值得说明的是，瞬时效用函数符合传统新古典理论的凹性假设，即 $\frac{\partial U}{\partial C_C} > 0$，$\frac{\partial U}{\partial C_L} > 0$，$\frac{\partial^2 U}{\partial^2 C} < 0$，$\frac{\partial^2 U}{\partial^2 C} < 0$，$\frac{\partial^2 U}{\partial C_C \partial C_L} > 0$，$\frac{\partial^2 U}{\partial C_L \partial C_C} > 0$。

三、政府行为

政府作为经济系统中的调控者，除进行减排外，其还将选择最优碳排放约束量以约束部门生产过程中的排放量，故此时政府面临的最优化问题为：

$$\max_{E} \int_0^{\infty} \left[U(C_C, \ C_L) - \frac{X^{1+\theta} - 1}{1 + \theta} \right] e^{-\rho t} \mathrm{d}t \quad (4-6)$$

其中，ρ 为时间贴现率，ρ 越大意味着家庭越看重当期消费而不是未来消费。在效用函数约束下，政府选择最优碳排放约束量 E_e[①]。

四、碳排放水平

众所周知，二氧化碳（CO_2）属于长生命周期的温室气体。CO_2 存量在大气中不断变动，生产过程中所产生的总排放不断进入大气中，同时大自然对 CO_2 具有一定的净化能力，而且还存在减排活动。据此，本章认为一国碳排放水平的变动取决于生产总排放、大自然净化和减排水平三方面（见图 4-1），据此可设大气中 CO_2 的积累方程为：$\dot{X} = E - \sigma X - A$。其中，$X$ 为大气中 CO_2 存量；E 表示两部门生产过程中产生的总排放；σ 为自然净化率，即大自然吸收并储存碳的能力（如碳汇等），且满足 $\sigma \in (0, 1)$；A 为由政府减排活动引起的减排量。

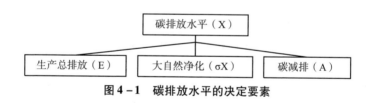

图 4-1 碳排放水平的决定要素

第二节 封闭经济下的一般均衡

一、无气候援助下的一般均衡

在一个无气候援助的封闭经济情形下，对于生产部门，产品生产会受

---

① 当达到一般均衡时，最优碳排放约束量即为最优的生产总排放量。

到劳动力投入以及碳排放的限制，生产者实现利润最大化时，两部门均衡产量分别为 $Q_{C1} = \alpha L_{C1} = \beta E_{C1}$ 和 $Q_{L1} = \gamma L_{L1} = \delta E_{L1}$[①]。对于劳动力要素市场，生产过程中的劳动力需求总和等于全社会所提供的既定劳动力，则市场出清条件为 $L_{C1} + L_{L1} = \bar{L}$。将上述均衡条件与式（4－4）联立可得两部门生产过程中最优碳排放量的表达式分别为：

$$E_{C1} = \frac{\alpha\delta}{\alpha\delta - \beta\gamma}E_1 - \frac{\alpha\gamma}{\alpha\delta - \beta\gamma}\bar{L} \qquad (4-7)$$

$$E_{L1} = \frac{\alpha\gamma}{\alpha\delta - \beta\gamma}\bar{L} - \frac{\beta\gamma}{\alpha\delta - \beta\gamma}E_1 \qquad (4-8)$$

产品市场出清时，供需相等，即 $C_{C1} = Q_{C1}$，$C_{L1} = Q_{L1}$。进一步结合生产者均衡条件，可将式（4－5）转化为间接效用函数：

$$V_1 = V_1(E_1, X_1, \bar{L}) \qquad (4-9)$$

政府部门在消费者效用函数的约束下选择最优的碳排放约束量，其面临如下最优化问题：

$$\max_E \int_0^\infty V_1(E_1, X_1, \bar{L})e^{-\rho t}dt \qquad (4-10)$$

$$\dot{X}_1 = E_1 - \sigma X_1 \qquad (4-11)$$

$$X(0) = X_0 \qquad (4-12)$$

其中，无气候援助情形下的碳排放水平 X 由生产总排放与大自然净化两方面决定。为求解上述最优化问题，定义 Hamilton 函数为：

$$H_1 = V_1(E_1, X_1, \bar{L})e^{-\rho t} + \lambda_1[E_1 - \sigma X_1] \qquad (4-13)$$

其中，控制变量为 E_1，状态变量为 X_1，λ_1 为 Hamilton 乘子。对控制变量和状态变量分别求导可得最大化 H_1 的一阶条件以及横截性条件为：

$$\left(\frac{\alpha\beta\delta}{\alpha\delta - \beta\gamma}\frac{\partial U_1}{\partial C_{C1}} - \frac{\beta\gamma\delta}{\alpha\delta - \beta\gamma}\frac{\partial U_1}{\partial C_{L1}}\right)e^{-\rho t} + \lambda_1 = 0 \qquad (4-14)$$

$$\dot{\lambda}_1 = X_1^\theta e^{-\rho t} + \lambda_1\sigma \qquad (4-15)$$

$$\lim_{t\to\infty}\lambda_1 X_1 e^{-\rho t} = 0 \qquad (4-16)$$

上述一阶条件和横截性条件描述了无气候援助情形下封闭经济系统的动态过程。当达到市场均衡时，$\dot{X}_1 = \dot{\lambda}_1 = 0$，可得生产总排放和碳排放水平为：

---

① 下角标数字 1～4 分别表示封闭经济下的无气候援助与有气候援助、开放经济下的无气候援助与有气候援助四种情形。

$$E_{1e} = \sigma \left[\frac{\alpha\beta\delta\sigma}{\alpha\delta - \beta\gamma} \frac{\partial U_1}{\partial C_{C1}} - \frac{\beta\gamma\delta\sigma}{\alpha\delta - \beta\gamma} \frac{\partial U_1}{\partial C_{L1}} \right]^{\frac{1}{\theta}} \qquad (4-17)$$

$$X_{1e} = \left[\frac{\alpha\beta\delta\sigma}{\alpha\delta - \beta\gamma} \frac{\partial U_1}{\partial C_{C1}} - \frac{\beta\gamma\delta\sigma}{\alpha\delta - \beta\gamma} \frac{\partial U_1}{\partial C_{L1}} \right]^{\frac{1}{\theta}} \qquad (4-18)$$

二、有气候援助下的一般均衡

假定封闭经济情形下，受援国与其他国家不存在贸易往来，仅接受援助国的气候援助。对于生产部门，生产者的均衡条件与无气候援助情形下的表达式基本一致，两部门均衡产量分别为 $Q_{C2} = \alpha L_{C2} = \beta E_{C2}$ 和 $Q_{I2} = \gamma L_{I2} = \delta E_{I2}$。对于劳动力要素市场，劳动力需求为生产部门及减排部门的劳动力需求之和，则市场出清条件为 $L_{C2} + L_{I2} + L_{A2} = \bar{L}$。值得说明的是，由于气候援助所带来的减排活动 $\left(L_{A2} = \dfrac{T}{\omega} \right)$ 将会使生产部门的劳动力分配发生变化，从而导致产量和生产过程中的总排放发生改变。根据上述均衡条件可得两部门生产过程中的最优碳排放量的表达式：

$$E_{C2e} = \frac{\alpha\delta}{\alpha\delta - \beta\gamma} E_{2e} - \frac{\alpha\gamma}{\alpha\delta - \beta\gamma} \bar{L} + \frac{\alpha\gamma}{\alpha\delta - \beta\gamma} \times \frac{T}{\omega} \qquad (4-19)$$

$$E_{I2e} = \frac{\alpha\gamma}{\alpha\delta - \beta\gamma} \bar{L} - \frac{\beta\gamma}{\alpha\delta - \beta\gamma} E_{2e} - \frac{\alpha\gamma}{\alpha\delta - \beta\gamma} \times \frac{T}{\omega} \qquad (4-20)$$

产品市场出清时，有 $C_{C2} = Q_{C2}$，$C_{I2} = Q_{I2}$。进一步结合生产者均衡条件，可将式（4-5）转化为间接效用函数：

$$V_2 = V_2(E_2, X_2, \bar{L}, T) \qquad (4-21)$$

政府部门在消费者效用函数的约束下选择最优碳排放约束量，其面临如下最优化问题：

$$\max_E \int_0^\infty V_2(E_2, X_2, \bar{L}, T) e^{-\rho t} \mathrm{d}t \qquad (4-22)$$

$$\dot{X}_2 = E_2 - \sigma X_2 - a \left(\frac{T}{\omega} \right)^v \qquad (4-23)$$

$$X(0) = X_0 \qquad (4-24)$$

如式（4-23）所示，与无气候援助情形下的表达式不同，此时碳排放水平 X_2 由生产总排放、大自然净化能力以及减排水平三方面决定。为求解上述最优化问题，定义 Hamilton 函数为：

$$H_2 = V_2(E_2, X_2, \bar{L}, T) e^{-\rho t} + \lambda_2 \left[E_2 - \sigma X_2 - a \left(\frac{T}{\omega} \right)^v \right] \qquad (4-25)$$

其中，控制变量为 E_2，状态变量为 X_2，λ_2 为 Hamilton 乘子。对控制变量和状态变量分别求导可得最大化 H_2 的一阶条件以及横截性条件为：

$$\left(\frac{\alpha\beta\delta}{\alpha\delta - \beta\gamma} \frac{\partial U_2}{\partial C_{C2}} - \frac{\beta\gamma\delta}{\alpha\delta - \beta\gamma} \frac{\partial U_2}{\partial C_{l2}} \right) e^{-\rho t} + \lambda_2 = 0 \tag{4-26}$$

$$\dot{\lambda}_2 = X_2^{\theta} e^{-\rho t} + \lambda_2 \sigma \tag{4-27}$$

$$\lim_{t \to \infty} \lambda_2 X_2 e^{-\rho t} = 0 \tag{4-28}$$

上述一阶条件和横截性条件描述了有气候援助情形下封闭经济系统的动态过程。当达到市场均衡时，$\dot{X}_2 = \dot{\lambda}_2 = 0$，可得：

$$E_{2e} = \sigma \left[\frac{\alpha\beta\delta\sigma}{\alpha\delta - \beta\gamma} \frac{\partial U_2}{\partial C_{C2}} - \frac{\beta\gamma\delta\sigma}{\alpha\delta - \beta\gamma} \frac{\partial U_2}{\partial C_{l2}} \right]^{\frac{1}{\theta}} + a \left(\frac{T}{\omega} \right)^{\nu} \tag{4-29}$$

$$X_{2e} = \left[\frac{\alpha\beta\delta\sigma}{\alpha\delta - \beta\gamma} \frac{\partial U_2}{\partial C_{C2}} - \frac{\beta\gamma\delta\sigma}{\alpha\delta - \beta\gamma} \frac{\partial U_2}{\partial C_{l2}} \right]^{\frac{1}{\theta}} \tag{4-30}$$

三、不同情形的比较静态分析

无气候援助情形下，资本密集型和劳动密集型部门所产生的碳排放分别为：

$$E_{C1e} = \frac{\alpha\delta\sigma}{\alpha\delta - \beta\gamma} X_{1e} - \frac{\alpha\gamma}{\alpha\delta - \beta\gamma} \overline{L} \tag{4-31}$$

$$E_{L1e} = \frac{\alpha\gamma}{\alpha\delta - \beta\gamma} \overline{L} - \frac{\beta\gamma\sigma}{\alpha\delta - \beta\gamma} X_{1e} \tag{4-32}$$

有气候援助情形下，资本密集型和劳动密集型部门所产生的碳排放分别为：

$$E_{C2e} = \frac{\alpha\delta\sigma}{\alpha\delta - \beta\gamma} X_{2e} - \frac{\alpha\gamma}{\alpha\delta - \beta\gamma} \overline{L} + \frac{\alpha\delta}{\alpha\delta - \beta\gamma} a \left(\frac{T}{\omega} \right)^{\nu} + \frac{\alpha\gamma}{\alpha\delta - \beta\gamma} \times \frac{T}{\omega} \tag{4-33}$$

$$E_{l2e} = \frac{\alpha\gamma}{\alpha\delta - \beta\gamma} \overline{L} - \frac{\beta\gamma\sigma}{\alpha\delta - \beta\gamma} X_{2e} - \frac{\beta\gamma}{\alpha\delta - \beta\gamma} a \left(\frac{T}{\omega} \right)^{\nu} - \frac{\alpha\gamma}{\alpha\delta - \beta\gamma} \times \frac{T}{\omega} \tag{4-34}$$

由于气候援助的影响，使得上述两种情形一般均衡下的碳排放水平 X 不同，进而无法直接对比 E_{C1e} 和 E_{C2e}、E_{L1e} 和 E_{l2e} 的大小。与此同时，气候援助的引入还使得两种情形一般均衡下的效应函数 U 不同，进而也无法直接对比 E_{1e}（式 4-17）和 E_{2e}（式 4-29）、X_{1e}（式 4-18）和 X_{2e}（式 4-30）的大小。据此，本章可以得到如下命题。

命题 4.1：在封闭经济下，无法直接对比无气候援助与有气候援助情形下一般均衡结果的大小。

第三节　开放经济下的一般均衡

一、无气候援助下的一般均衡

在受援国存在进出口贸易的情形下，借鉴奥拉迪和贝拉迪（Oladi and Beladi, 2015）的模型设定，本章假定受援国在生产污染密集型产品方面具有比较优势，进而出口污染密集型产品并进口劳动密集型产品，则有 $Q_{I3} = L_{I3} = E_{I3} = 0$。由于受援国仅生产污染密集型产品，该生产过程依旧会受到劳动力投入以及碳排放的限制，生产者实现利润最大化时，均衡产量为 $Q_{C3} = \alpha L_{C3} = \beta E_{C3} = \beta E_3$[①]。进一步地，假定污染密集型产品的相对世界价格为 P，劳动密集型产品的世界价格为单位价格。则对于受援国消费者而言，其预算约束为 $P \times Q_{C3} = P \times C_{C3} + L_{C3}$，由此可得受援国的贸易平衡条件为 $P \times e_3 = m_3$。其中，$e_3 = Q_{C3} - C_{C3}$ 表示受援国出口的污染密集型产品，$m_3 = C_{C3}$ 则表示受援国进口的劳动密集型产品。最后，根据生产者均衡和充分就业条件，可得经济系统的最优生产总排放为：

$$E_{3e} = \frac{\alpha}{\beta}\bar{L} \qquad (4-35)$$

可见，当达到一般均衡时，经济系统的最优生产总排放为一定值。

由生产者均衡和贸易平衡条件可得消费者的瞬时效用函数为：

$$W_3 = U_3(\beta E_3 - e_3, m_3) - \frac{X_3^{1+\theta} - 1}{1+\theta} \qquad (4-36)$$

政府部门面临如下最优化问题：

$$\max_{E_3} \int_0^\infty \left[U_3(\beta E_3 - e_3, m_3) - \frac{X_3^{1+\theta} - 1}{1+\theta} \right] e^{-\rho t} \mathrm{d}t \qquad (4-37)$$

$$\dot{X}_3 = E_3 - \sigma X_3 \qquad (4-38)$$

$$X(0) = X_0 \qquad (4-39)$$

为求解上述最优化问题，定义 Hamilton 函数为：

---

① 由于受援国仅生产污染密集型产品，故该部门的碳排放也是整个经济系统的生产总排放。

$$H_3 = \left[U_3(\beta E_3 - e_3, m_3) - \frac{X^{1+\theta} - 1}{1+\theta} \right] e^{-\rho t} + \lambda_3 \left[E_3 - \sigma X_3 \right] \quad (4-40)$$

由于 E_3 为恒定值，故对状态变量求导即可得最大化 H_3 的一阶条件为：

$$\dot{\lambda}_3 = X_3^\theta e^{-\rho t} + \lambda_3 \sigma \quad (4-41)$$

进一步结合上述一阶条件及 X 的积累方程式（4-38）可得一般均衡时的碳排放水平：

$$X_{3e} = \frac{\alpha}{\beta \sigma} \bar{L} \quad (4-42)$$

二、有气候援助下的一般均衡

在开放经济有气候援助的情形下，受援国仍生产并出口污染密集型产品及进口劳动密集型产品。当生产部门达到均衡时，有 $Q_{IA} = L_{IA} = E_{IA} = 0$ 和 $Q_{C4} = \alpha L_{C4} = \beta E_{C4} = \beta E_4$。受援国所接受气候援助最终会以工资报酬的形式支付给消费者，故受援国消费者的预算约束为 $P \times Q_{C4} + T = P \times C_{C4} + C_{IA}$，由此可得受援国的贸易平衡条件为 $P \times e_4 = m_4$。其中，$e_4 = Q_{C4} - C_{C4}$ 表示受援国出口的污染密集型产品，$m_4 = C_{C4} - T$ 表示受援国劳动密集型产品的净进口量。最后，根据生产者均衡、减排部门的生产技术和充分就业条件，可得经济系统最优的生产总排放为：

$$E_{4e} = \frac{\alpha}{\beta} \left(\bar{L} - \frac{T}{\omega} \right) \quad (4-43)$$

由此可知，在给定气候援助 T 的前提下，E_{4e} 有恒定的运动路径。

由生产者均衡和贸易平衡条件可得消费者的瞬时效用函数为：

$$W_4 = U_4(\beta E_4 - e_4, m_4 + T) - \frac{X_4^{1+\theta} - 1}{1+\theta} \quad (4-44)$$

政府部门面临如下最优化问题：

$$\max_{E_4} \int_0^\infty \left[U_4(\beta E_4 - e_4, m_4 + T) - \frac{X_4^{1+\theta} - 1}{1+\theta} \right] e^{-\rho t} \mathrm{d}t \quad (4-45)$$

$$\dot{X}_4 = E_4 - \sigma X_4 - a\left(\frac{T}{\omega}\right)^v \quad (4-46)$$

$$X(0) = X_0 \quad (4-47)$$

为求解上述最优化问题，定义 Hamilton 函数为：

$$H_4 = \left[U_4(\beta E_4 - e_4, m_4 + T) - \frac{X_4^{1+\theta} - 1}{1+\theta} \right] e^{-\rho t} + \lambda_4 \left[E_4 - \sigma X_4 - a\left(\frac{T}{\omega}\right)^v \right]$$

$$(4-48)$$

对状态变量求导可得最大化 H_4 的一阶条件为：

$$\dot{\lambda}_4 = X_4^{\theta} e^{-\rho t} + \lambda_4 \sigma \qquad (4-49)$$

进一步结合上述一阶条件、E 的恒定路径方程式（4 - 43）及 X 的积累方程式（4 - 46）可得一般均衡时的碳排放水平：

$$X_{4e} = \frac{1}{\sigma} \left[\frac{\alpha}{\beta} \left(\bar{L} - \frac{T}{\omega} \right) - a \left(\frac{T}{\omega} \right)^{v} \right] \qquad (4-50)$$

三、不同情形的比较静态分析

在无气候援助与有气候援助两种情形下，受援国经济系统达到一般均衡时，污染密集型部门的碳排放水平（同时也为生产总排放）分别为 $E_{3e} = \frac{\alpha}{\beta} \bar{L}$ 和 $E_{4e} = \frac{\alpha}{\beta} \left(\bar{L} - \frac{T}{\omega} \right)$，很容易证明 $E_{3e} > E_{4e}$。即在开放经济下，有气候援助情形下的最优生产总排放小于无气候援助情形下的最优生产总排放。因此，气候援助的引入可降低受援国生产过程中的总排放。据此，本章可以得到如下命题：

命题 4.2：在开放经济下，相对于无气候援助的国家，有气候援助的受援国污染密集型部门的碳排放（生产总排放）相对较低。

与之类似，在无气候援助与有气候援助两种情形下，受援国碳排放水平分别为 $X_{3e} = \frac{\alpha}{\beta \sigma} \bar{L}$ 和 $X_{4e} = \frac{1}{\sigma} \left[\frac{\alpha}{\beta} \left(\bar{L} - \frac{T}{\omega} \right) - a \left(\frac{T}{\omega} \right)^{v} \right]$，同样可得 $X_{3e} > X_{4e}$，即气候援助的引入可降低受援国碳排放水平。据此，本章可得到如下命题：

命题 4.3：在开放经济下，相对于无气候援助的国家，有气候援助的受援国碳排放水平较低。

综合以上关于开放经济下的均衡求解和比较静态分析结果，本章认为气候援助的引入可降低受援国的碳排放水平，即在开放经济情形下，气候援助发挥出了碳减排效应。

第四节　有气候援助下的进一步分析

在有气候援助的前提下，本章进一步讨论在封闭经济和开放经济情形下经济系统达到一般均衡时，受援国生产总排放和碳排放水平如何随 T 的变化而变化，即对气候援助的碳排放效应进行更为深入的比较静态分析。

一、封闭经济情形

根据式（4-19）、式（4-20）和式（4-23），可得气候援助对污染密集型和劳动密集型两部门碳排放的影响分别为：

$$\frac{\mathrm{d}E_{C2e}}{\mathrm{d}T} = \frac{\alpha}{\omega(\alpha\delta - \beta\gamma)}\left[\delta av\left(\frac{T}{\omega}\right)^{v-1} + \gamma\right] \qquad (4-51)$$

$$\frac{\mathrm{d}E_{L2e}}{\mathrm{d}T} = -\frac{\gamma}{\omega(\alpha\delta - \beta\gamma)}\left[\beta av\left(\frac{T}{\omega}\right)^{v-1} + \alpha\right] \qquad (4-52)$$

根据前文各参数及变量的取值设定，不难得到 $\dfrac{\mathrm{d}E_{C2e}}{\mathrm{d}T} > 0$ 和 $\dfrac{\mathrm{d}E_{L2e}}{\mathrm{d}T} < 0$。该分析结果反映出气候援助的增加加剧了受援国污染密集型部门的碳排放，但同时能够降低劳动密集型部门的碳排放。

根据式（4-26）和式（4-27）所得均衡结果，并对上述两式分别求解全微分可得：

$$\frac{\mathrm{d}E_{2e}}{\mathrm{d}T} - \sigma\frac{\mathrm{d}X_{2e}}{\mathrm{d}T} = \frac{av}{\omega^{v}}T^{v-1} \qquad (4-53)$$

$$\theta X^{\theta-1}\frac{\mathrm{d}X_{2e}}{\mathrm{d}T} - \sigma\Omega\frac{\mathrm{d}E_{2e}}{\mathrm{d}T} = \frac{\sigma}{\omega}\Delta \qquad (4-54)$$

其中，$\Omega = \left(\dfrac{\alpha\beta\delta}{\alpha\delta - \beta\gamma}\right)^{2}\dfrac{\partial^{2}U}{\partial^{2}C_{C}} - 2\alpha\gamma\left(\dfrac{\beta\delta}{\alpha\delta - \beta\gamma}\right)^{2}\dfrac{\partial^{2}U}{\partial C_{C}\partial C_{L}} + \left(\dfrac{\beta\gamma\delta}{\alpha\delta - \beta\gamma}\right)^{2}$ $\dfrac{\partial^{2}U}{\partial^{2}C_{C}}$，$\Delta = \delta\gamma\left(\dfrac{\alpha\beta}{\alpha\delta - \beta\gamma}\right)^{2}\dfrac{\partial^{2}U}{\partial^{2}C_{C}} - \left[\beta\gamma\left(\dfrac{\alpha\delta}{\alpha\delta - \beta\gamma}\right)^{2} + \alpha\delta\left(\dfrac{\beta\gamma}{\alpha\delta - \beta\gamma}\right)^{2}\right]\dfrac{\partial^{2}U}{\partial C_{C}\partial C_{L}} + \alpha\beta$ $\left(\dfrac{\gamma\delta}{\alpha\delta - \beta\gamma}\right)^{2}\dfrac{\partial^{2}U}{\partial^{2}C_{L}}$。根据效用函数的凹性条件，可得 $\Omega < 0$ 和 $\Delta < 0$。

联立式（4-53）和式（4-54），可得气候援助对生产总排放和碳排放水平的动态影响分别为：

$$\frac{\mathrm{d}E_{2e}}{\mathrm{d}T} = \frac{\sigma^{2}\Delta\omega^{v-1} + avT^{v-1}\theta X^{\theta-1}}{\omega^{v}(\theta X^{\theta-1} - \sigma^{2}\Omega)} \qquad (4-55)$$

$$\frac{\mathrm{d}X_{2e}}{\mathrm{d}T} = \frac{\sigma(\Delta\omega^{v-1} + av\Omega T^{v-1})}{\omega^{v}(\theta X^{\theta-1} - \sigma^{2}\Omega)} \qquad (4-56)$$

可见，在实现一般均衡时，气候援助对受援国生产总排放的影响

$\left(\dfrac{\mathrm{d}E_{2e}}{\mathrm{d}T}\right)$ 取决于 $\sigma^2 \Delta \omega^{v-1} + avT^{v-1}\theta X^{\theta-1}$ 的正负。当 $\sigma^2 \Delta \omega^{v-1} + avT^{v-1}\theta X^{\theta-1} > 0$ 时，气候援助的增加加剧了受援国的生产总排放；当 $\sigma^2 \Delta \omega^{v-1} + avT^{v-1} \theta X^{\theta-1} < 0$ 时，气候援助的增加降低了受援国的生产总排放。根据上述分析，可以得到如下命题：

命题 4.4：在封闭经济下，气候援助的增加加剧了受援国污染密集型部门的碳排放，降低了劳动密集型部门的碳排放；然而，气候援助对两部门生产总排放的影响并不确定，该影响作用存在一定的临界值条件。

气候援助通过雇佣劳动力的方式进行减排，意味着气候援助的引入将促使受援国不同部门的劳动力分配发生改变，进一步使得两部门生产所产生的碳排放发生变化。整体来看，气候援助的引入使得两部门生产所雇佣的劳动力总量减少，这一改变是否意味着可直观判断两部门的生产总排放会降低呢？实际上并非如此。通过命题 4.4 可知，气候援助的增加对两部门生产总排放的影响是不确定的。原因在于，不同部门的劳动力分配也发生了变化，受援国污染密集型部门的劳动力雇佣会随气候援助的增加而增加 $\left(\dfrac{\mathrm{d}L_{C2e}}{\mathrm{d}T} > 0\right)$，劳动密集型部门的劳动力雇佣情况则与之相反 $\left(\dfrac{\mathrm{d}L_{l2e}}{\mathrm{d}T} < 0\right)$。上述两部门劳动力雇佣情况的变化，导致气候援助的增加加剧了受援国污染密集型部门的碳排放，反而降低了劳动密集型部门的碳排放。可见，气候援助对受援国生产总排放的影响应从整体及部门两个层面进行综合考虑。此外，命题 4.4 并不意味着气候援助的增加不利于受援国实现碳减排，气候援助对受援国碳排放的影响应落脚于该国最终的碳排放存量，即碳排放水平 X。

进一步地，根据式（4-56），较易证明 $\dfrac{\mathrm{d}X_{2e}}{\mathrm{d}T} < 0$，这意味着在封闭经济情形下，随着气候援助的增加，受援国的碳排放水平逐渐降低。与此同时，本章还发现上述气候援助碳减排效应的大小与工资水平 ω、环保技术 a 密切相关。具体而言，一方面，随着受援国工资水平的提升，$\dfrac{\mathrm{d}X_{2e}}{\mathrm{d}T}$ 的绝对值逐渐变小，这意味着气候援助的碳减排效应随受援国工资水平的提升而逐渐减弱；另一方面，随着受援国环保技术水平的提升，$\dfrac{\mathrm{d}X_{2e}}{\mathrm{d}T}$ 的绝对值增大，这反映出气候援助的碳减排效应随受援国环保技术水平的提升而逐渐增强。据此，本章得到如下命题：

命题 4.5：在封闭经济下，受援国碳排放水平随气候援助的增加而降低，即气候援助发挥出了碳减排效应。上述碳减排效应会随受援国工资水平的提升呈减弱趋势，随环保技术水平的提升呈增强趋势。

总之，气候援助对受援国碳排放水平的影响由生产总排放、大自然净化和减排量三者共同决定。在封闭经济下，受援国碳排放水平随气候援助的增加而降低，这一变动趋势是上述三方面共同作用的结果。

二、开放经济情形

开放经济下，所考察受援国的生产总排放等于本国污染密集型部门的碳排放，根据式（4-43）所得均衡结果，进一步将该式对 T 求导可得：

$$\frac{\mathrm{d}E_{4e}}{\mathrm{d}T} = -\frac{\alpha}{\omega\beta} < 0 \qquad (4-57)$$

可见，随着气候援助的增加，受援国的生产总排放逐渐降低。据此，本章得到如下命题：

命题 4.6：在开放经济下，受援国生产总排放随气候援助的增加而降低。

接下来，本章将讨论受援国碳排放水平如何随气候援助的变化而变化。根据式（4-50）所得均衡结果，进一步将该式对 T 求导可得：

$$\frac{\mathrm{d}X_{4e}}{\mathrm{d}T} = -\frac{1}{\sigma\omega}\left[\frac{\alpha}{\beta} + av\left(\frac{T}{\omega}\right)^{v-1}\right] \qquad (4-58)$$

可知 $\frac{\mathrm{d}X_{4e}}{\mathrm{d}T} < 0$，即在开放经济情形下，随着气候援助的增加，受援国碳排放水平逐渐降低。气候援助的碳减排效应同样与受援国的工资水平 ω、环保技术 a 紧密相关，且上述碳减排效应随工资水平和环保技术水平变化的变动趋势也同封闭经济情形下一致。据此，本章可得到如下命题：

命题 4.7：在开放经济下，受援国碳排放水平随气候援助的增加而降低，即气候援助发挥出了碳减排效应。上述碳减排效应也会随着受援国工资水平的提升呈减弱趋势，随受援国环保技术水平的提升呈增强趋势。

不难发现，命题 4.5 和命题 4.7 所揭示出的结论相一致。无论在封闭经济下还是开放经济下，受援国碳排放水平均会随着气候援助的增加而降低，即气候援助具有碳减排效应。

本 章 小 结

本章通过构建封闭和开放经济下的一般均衡模型，分别对比分析了无、有气候援助情形下受援国碳排放的差异，并运用比较静态分析方法考察受援国碳排放水平如何随气候援助的变化而变化。本章所得结论可总结为表4-1。

表4-1　　　　　不同情形下气候援助碳排放效应的分析结果

分析方法	碳排放类型	封闭经济情形	开放经济情形
无援助与有援助下均衡结果的比较	生产总排放（E）	无法直接判断（命题4.1）	减排效应（命题4.2）
	碳排放水平（X）		减排效应（命题4.3）
有援助下均衡结果的求导分析	生产总排放（E）	不确定（临界值）（命题4.4）	减排效应（命题4.5）
	碳排放水平（X）	减排效应（命题4.6）	减排效应（命题4.7）

一方面，通过无气候援助和有气候援助下均衡结果的比较静态分析可得：在封闭经济情形下，气候援助对受援国生产总排放和碳排放水平的影响无法直接判断；在开放经济情形下，接受气候援助的受援国生产总排放和碳排放水平均相对较低；另一方面，在有气候援助的前提下，无论是封闭经济还是开放经济情形，气候援助均会对受援国的碳排放产生减排作用。而且，上述气候援助的碳减排效应还会随着受援国工资水平和环保水平的提升，分别呈减弱和增强趋势。

综上，本章利用一般均衡模型，在相关假设条件下分析了封闭经济和开放经济两种情形下气候援助的碳排放效应，从多个方面得到气候援助对受援国碳排放具有减排作用的积极结论，尤其验证了开放经济下气候援助的碳减排效应。那么，上述理论分析所得结论能否得到现实气候援助发展的经验支持？对此，本书将在第五章关于气候援助对受援国碳排放影响的实证分析中得到答案。

国际气候援助对受援国碳排放
影响的实证分析

为有效应对气候变化，发达国家在 2009 年哥本哈根会议上承诺在 2010～2012 年出资 300 亿美元，作为帮助发展中国家等国应对气候变化的"快速启动基金"；同时，发达国家还承诺至 2020 年前，每年出资 1000 亿美元帮助发展中国家应对气候变化。可见，气候援助已被国际社会所认可，以期通过这种政策工具来积极应对气候变化。但是，现有气候援助真的如预期帮助受援国实现碳减排了吗？同时还需注意到，接受气候援助的受援国具有不同的碳排放水平，不仅包含诸如中国、印度等高碳排放国家，还涵盖了低碳排放且生态系统较为脆弱的小岛屿国家。对于具有不同碳排放水平的国家，气候援助产生的碳排放效应会有差异化的特征吗？除碳排放水平不同外，不同收入水平国家在资源禀赋、能源结构等方面均有所不同，那么气候援助对不同收入水平受援国的碳排放是否会产生异质性影响？上述问题的回答，不仅能够为推进发达国家持续进行气候援助提供有力的经验依据，还可为更好地利用气候援助进行全球气候治理提供发展启示。

本章通过气候援助对受援国碳排放的实证分析，以期揭示出现有气候援助碳排放效应的"真相"，同时能够对第四章所得理论分析结论进行经验检验。为此，本章首先运用静态和动态面板模型实证分析了气候援助对77 个受援国碳排放的影响，再利用面板分位数回归探讨了气候援助对不同碳排放水平受援国的异质性影响，最后分析气候援助对不同收入水平受援国碳排放的异质性影响。

第一节　模型设定、变量选择与数据来源

一、模型设定

为考察气候援助对受援国碳排放的影响，本章在经典 EKC 模型（Dinda，2004）框架下，借鉴王艺明、胡久凯（2016）、帅等（Shuai et al.，2017）、班特查里亚等（Bhattacharyya et al.，2018）、博利（Boly，2018）等所建模型，构建如下基准模型：

$$\ln co2_{it} = \alpha_0 + \alpha_1 \ln aid_{it} + \alpha_2 X + \mu_i + \lambda_t + \varepsilon_{it} \qquad (5-1)$$

其中，i 表示不同的受援国，t 表示时间；变量 $co2$ 和变量 aid 分别代表受援国的碳排放水平和所接受的气候援助；X 为其他控制变量，包括人均收入水平（$\ln y$）及其二次项 $[(\ln y)^2]$、贸易开放度（$trade$）、城镇化水平（$urban$）、资本劳动比（$\ln kl$）。其中，$\ln y$ 及（$\ln y)^2$ 的加入主要用于考察受援国的人均收入与碳排放水平之间的关系是否符合环境库茨涅兹关系（即 EKC 假说）；μ_i 代表国家固定效应，用于控制不随时间变化但随国家不同而有所差异的遗漏变量所带来的影响，诸如各国资源禀赋结构、规制政策等的不同；λ_t 代表时间固定效应，用于控制不随国家个体而改变，但随时间而变的因素产生的影响，如全球经济形势等因素；ε_{it} 为随机扰动项。为了降低异方差及时间趋势因素可能产生的影响，除百分比变量外，对其他变量均做了对数化处理，即 ln 表示自然对数。

进一步，碳排放水平可能具有一定的动态滞后性，即当期碳排放水平会受到上期的惯性影响（韩家彬、韩梦莹，2015）。因此，本章在静态面板模型式（5-1）基础上，加入被解释变量的一阶滞后项，构建如下动态面板模型：

$$\ln co2_{it} = \beta_0 + \beta_2 \ln co2_{i,t-1} + \beta_2 \ln aid_{it} + \beta_3 X + \mu_i + \lambda_t + \varepsilon_{it} \qquad (5-2)$$

二、变量选择

（一）被解释变量

在被解释变量方面，为更加全面地考量气候援助对受援国碳排放水平

的影响并检验结果的稳健性，本章分别选取碳排放强度（co2gdp）及人均碳排放（co2p）用以反映受援国碳排放水平。具体而言，碳排放强度由单位 GDP 的二氧化碳（CO_2）排放量来衡量，人均碳排放则由受援国 CO_2 排放总量与人口总量之比加以表示。

（二）核心解释变量

在核心解释变量方面，现有文献主要是针对"快速启动资金"、双边及多边对外援助、技术援助等的碳排放效应问题展开了较为深入的研究。具体而言，王文娟、佘群芝（2018）、博利（Boly，2018）等研究并未区分相关气候援助中的减缓和适应成分；佘群芝、吴肖丽（2019）、班特查里亚等（Bhattacharyya et al.，2018）仅是针对能源部门的气候援助，考察对象相对较为单一。与之不同，本章有针对性地选取双边减缓性气候援助作为气候援助的代理变量[①]，来考察气候援助的碳排放效应问题。

（三）其他控制变量

在其他控制变量方面，本章主要选择人均收入、贸易开放度、城镇化水平、资本劳动比等变量来考察其对受援国碳排放水平所产生的影响。对各控制变量选取依据及经济含义的说明具体如下。

人均收入（y）。人均收入由受援国人均 GDP 来衡量，用以反映一国经济发展水平。经济发展与环境污染的关系研究一直以来是学术界关注的热点问题。格罗斯曼和克鲁格（Grossman and Krueger，1991）、潘纳约托（Panayotou，1993）较早提出了一国经济发展与环境污染之间存在"倒 U 型"的环境库兹涅茨曲线（EKC）关系的假说，且上述 EKC 关系得到了诸多研究的经验验证（Fodha and Zaghdoud，2010；王勇等，2016）。然而，钟茂初、张学刚（2010）指出一国收入水平与环境污染之间的 EKC 关系可能因模型设定、研究样本等的不同而不同。总体而言，收入水平与碳排放的关系研究并未形成一致结论。

贸易开放度（trade）。本章借鉴杨恺钧、刘思源（2016）和余东华、张明志（2016）等的做法，使用对外贸易总额占 GDP 比重来表示贸易开放度。若一国具有较高的经济发展水平及技术水平，且其产业结构较为合

---

① 适应性气候援助主要用于提升受援国适应和应对气候变化的能力，其对碳排放的影响相对较小。因此，本章选择使用减缓性气候援助作为气候援助的代理变量，可更加准确地分析气候援助与受援国碳排放的关系。同时，上述代理变量的选择也是区别于现有研究的关键之处。

理，该国扩大贸易开放，出口的增加并不会导致该国碳排放有较大幅度的提升，进口的增加还可能会通过减少本国高碳产品的生产而使其碳排放水平进一步下降。反之，对于经济发展水平及技术水平较为落后的发展中国家，环境规制相对宽松，其可能成为所谓的"污染避难所"；此时，该国扩大对外开放，获得贸易利得的同时，也可能会明显地加剧国内的碳排放。由于接受气候援助的受援国多以发展中国家为主，故预期贸易开放度会对受援国碳排放产生正向作用。

城镇化水平（urban）。与多数研究一致，城镇化水平由城镇人口占总人口比值加以衡量。张腾飞等（2016）、赛迪和姆巴雷克（Saidi and Mbarek，2017）等均指出城镇化水平提升可通过促进人力资本积累和清洁生产等途径实现碳减排。格拉齐等（Grazi et al.，2008）则指出加快城镇化进程中所伴随的能源消费及人口规模的增加会不同程度地导致碳排放的增加。还有学者指出城镇化水平与碳排放之间存在非线性关系，如"倒 U型"的关系（Martínez‒Zarzoso and Maruotti，2011）等。总之，城镇化水平与碳排放的关系并未达成一致结论。因此，对于多为发展中国家的受援国，城镇化水平对其碳排放的影响仍需进一步考察。

资本劳动比（kl）。资本劳动比由资本形成总额与劳动力人口的比值来衡量，用于反映一国的资本密集程度。根据林伯强、邹楚沅（2014）的观点，资本劳动比可用来反映一国要素禀赋结构，较高的资本劳动比意味着该国工业生产偏向于资本密集型生产。一般而言，资本劳动比的提升将会促进资本密集型生产增加，从而加剧一国碳排放水平。

三、数据来源与说明

（一）数据来源

现阶段气候援助数据主要来自 OECD‒DAC CRS 数据库和 AidData 数据库。对于 OECD‒DAC CRS 数据库，其与联合国气候变化框架公约秘书处的合作密切，从 1998 年开始利用"里约标识"对 OECD 成员国减缓气候变化相关的援助项目进行识别。该数据库还在 2009 年增加了关于适应气候变化项目的监测统计，并从 2013 年开始对多边机构的气候援助项目进行标识，进而被认为是当前较为权威和全面的国际气候援助数据库。

AidData 数据库被称为全球最大的援助数据库，其于 2016 年发布了最新版本的 AidData Core Research Release，Version 3.1 数据库，该数据库涵盖了 1947～2013 年 96 个援助国的 150 多万项的项目级援助信息，这为本章研究减缓性气候援助的碳排放效应问题提供了可能。值得说明的是，相关学者在考察气候援助的碳排放效应时，也关注到了该数据库。例如，卡尔佛拉等（Carfora et al.，2017）、卡尔佛拉和斯坎杜拉（Carfora and Scandurra，2019）所考察对象"快速启动资金"的数据均来源于 AidData 数据库，但所使用数据来自较旧版本的 AidData Reasearch Release 2.1 Database。

进一步关注到上述两个数据库各自存在的局限性。对于 OECD - DAC CRS 数据库，主要体现为统计偏差、时间局限、援助者范围统计局限三方面。第一，在统计偏差方面，部分学者对 OECD - DAC CRS 数据库采用"里约标识"所统计的气候援助数据可信度提出了质疑（Hicks et al.，2010；Michaelowa and Michaelowa，2011；Junghans and Harmeling，2012；Donner et al.，2016；Roberts and Weikmans，2017；Weikmans et al.，2017）。其中，米可洛瓦和米可洛瓦（2011）认为气候援助数据的"里约标识"建立在援助者的自我报告基础之上，而援助者在经济或政治利益的驱使下，可能会在气候援助项目标识上出现较大偏差。例如，援助国在报告某项援助资金是否为气候相关时，不仅取决于气候援助所涉及的具体领域，似乎还取决于该国选民的环境偏好、极端天气事件的发生、国际气候问题的媒体报道等因素，所以 OECD - DAC CRS 数据库中一部分标记有"里约标识"的援助数据，可能与气候变化并无关联，进而使得该数据库所统计的气候援助数据存在被高估的可能性。米可洛瓦和米可洛瓦（2011）采用关键词检索法筛选出 1998～2008 年 21 个援助国的气候援助数据，并将所得结果与援助者所提供的"里约标识"编码情况进行对比，确实发现了一定程度上的统计偏差。第二，在时间局限方面，OECD - DAC 仅从 1998 年开始利用"里约标识"对其成员国的气候援助数据进行识别，现已更新至 2016 年。然而，根据米可洛瓦和米可洛瓦（2012）所提观点，ODA 为减缓温室气候排放所进行的促进可再生能源发展和提升能效的相关气候援助早在 20 世纪 50 年代就已存在。可见，对于早期的气候援助数据，OECD - DAC CRS 数据库显然无法提供。第三，在援助者范围统计局限方面，OECD - DAC CRS 数据库统计的主要为 OECD 成员国所进行的双边气候援助。

AidData 数据库同样也存在一定的时间局限性。最新版本的 AidData Core Research Release，Version 3.1 数据库仅更新至 2013 年，并未对最新的援助数据进行进一步地披露。

考虑到上述数据库的局限性，不同于现有研究单独使用 AidData 数据库（Boly，2018）或 OECD‑DAC CRS 数据库（Halimanjaya，2015），本章将同时使用两个数据进行数据筛选。具体而言，本章主要在 AidData 数据库的基础上，进一步结合 OECD‑DAC CRS 数据库，借鉴米可洛瓦和米可洛瓦（2011）和米勒（Miller，2014）筛选援助数据的方法，利用关键词检索法对双边减缓性气候援助数据进行筛选，构建了一个更为全面的减缓性气候援助数据库。

进一步地，考虑到 1979 年在日内瓦召开的第一次世界气候大会（FWCC），才首次提出气候变暖的说法，使气候问题逐渐引起各国政府高度关注。因此，本章所搜集援助数据时间跨度选择从 1980 年开始，进而得到了 1980～2016 年的双边减缓性气候援助数据。值得说明的是，上述数据包括承诺额和实际交付额，本章借鉴哈利曼贾亚（Halimanjaya，2015）的研究，选择使用承诺额以确保数据的完整性①。

在受援国碳排放数据方面，相关数据库包括世界银行的 WDI 数据库、BP 能源统计和国际能源署（IEA）数据库。其中，WDI 数据库的时间跨度为 1960～2014 年，BP 能源统计中缺失较多低收入国家的统计数据，而 IEA 数据库的时间跨度仅为 1990～2017 年。由此，结合气候援助数据的时间跨度进行综合考虑，本章选择使用 WDI 数据库所提供的碳排放数据。与之相同，其余变量的数据也均来自 WDI 数据库。最终，本章得到了 1980～2014 年 77 个受援国的国家面板数据来进行实证分析②。

（二）数据处理

对外援助较易受到受援国财政状况、国际关系等方面的影响，进而使得援助数据出现较大的波动性（Nielsen et al.，2011；Kodama，2012；McLean and Whang，2016）。上述数据的波动性特点促使援助数据的处理成为一个关键问题。克莱门斯等（Clemens et al.，2011）、班特查里亚等（Bhattacharyya et al.，2018）通过求取每连续 5 年的平均气候援助额来抚平援助数据的短期波动。本章则借鉴 OECD 的通常做法，每一时期气候援助额为连续 3 个年度援助额的算术平均值，以获取较长时间跨度的样本数

---

① 此外，在筛选出的援助数据中，实际交付额数据存在大量缺失值，这也是本章选择使用承诺额的另一重要原因。

② 本章研究样本中所包括的 77 个受援国详见附录 D。

据。同理，其他变量也按上述方法获取 12 个时期数据。

各变量的描述性统计如表 5 – 1 所示[①]，各受援国的贸易开放度、城镇化水平差异相对较大，表现为变量 *trade* 和 *urban* 的离散系数分别为 0.55 和 0.48，而其余变量的差异则相对较小。

表 5 – 1 各变量的描述性统计

变量	具体含义	单位	观测值	均值	方差	最小值	最大值
lnco2gdp	单位 GDP 碳排放	克/美元	819	6.371	0.792	3.860	9.177
lnco2p	人均碳排放	千克/人	819	6.480	1.416	2.649	9.242
lnaid	气候援助	美元	819	15.397	2.458	3.953	21.890
lny	人均收入	美元	819	7.024	1.121	4.692	9.730
trade	贸易开放度	%	819	51.786	28.468	8.406	190.698
urban	城镇化水平	%	819	43.076	21.215	4.505	94.894
lnkl	资本劳动比	美元/人	819	6.388	1.300	2.356	9.357

第二节　实证结果分析

一、面板单位根和协整检验

在进行回归分析之前，有必要利用单位根检验来检验数据的平稳性。迪基和富勒（Dickey and Fuller，1979）较早地提出了对时间序列数据进行单位根检验的 DF/ADF 方法，促使单位根检验引起了学界的广泛关注，现已发展成为用于检验数据平稳性的一个重要方法。与时间序列的单位根检验不同，面板单位根检验在时间维度基础上增加了截面维度，进而使得样本容量得以增加，能更为全面地刻画数据背后的规律。面板单位根检验涉及多种方法，不同检验方法的假设条件也有所不同。其中，LIC、HT 与 Breitung 检验均假设各面板单位的自回归系数相同，而 IPS、Fisher 和

[①] 需要说明的是，气候援助数据存在部分缺失值，导致其样本观测值为 819，而其余变量的样本观测值为 924。基于此，本章将其余变量与气候援助数据观测值均统一为 819，这也与后续回归估计分析中实际使用的观测数据数量相一致。

Hadri LM 检验则允许各面板单位的自回归系数在不同面板中存在差异。此外，不同特征的样本数据适用于不同的面板单位根检验方法。鉴于本章所使用数据中的气候援助指标含缺失值，即为非平衡面板数据，故选择不同根的 Fisher – ADF 方法来检验数据的平稳性，检验结果如表 5 – 2 所示。可以发现，本章所涉及变量均在 1% 的显著性水平上通过了检验，说明各个变量均为平稳的。

表 5 – 2   单位根检验结果

变量	ADF 检验		平稳性
	统计量	p 值	
$lnco2gdp$	52.0452	0.0003	平稳
$lnco2p$	61.9275	0.0000	平稳
$lnaid$	37.4148	0.0018	平稳
lny	76.3402	0.0000	平稳
$(lny)^2$	66.8644	0.0000	平稳
$trade$	70.3155	0.0000	平稳
$urban$	77.9830	0.0000	平稳
$lnkl$	65.6037	0.0000	平稳

注：因 p 值数值较小，相关检验结果保留四位小数。

在上述基础上，需利用面板协整检验进一步检验变量间是否存在长期稳定的均衡关系。面板协整检验主要包括 Kao、Pedroni 以及 Westerlund 检验。鉴于本章样本数据中的气候援助数据在时间维度上存在缺失值，故选择使用 Kao 检验对面板数据进行协整检验。根据 Kao 检验的检验结果发现，以碳排放强度作为被解释变量的多变量组的 ADF 统计量对应的 P 值为 0.0036，以人均碳排放作为被解释变量的多变量组的 ADF 统计量对应的 P 值为 0.0034，均在 1% 的显著性水平上拒绝了原假设。上述检验结果意味着变量间存在长期均衡关系，可进行回归建模。

二、估计结果分析

对所选样本进行 Hausman 检验，结果显示 p 值为 0.0000。因此，本章应选择使用固定效应模型对式（5 – 1）的静态面板模型进行回归估计，估计结果如表5-3中列（1）、列（2）、列（5）和列（6）所示。其中，列（1）和列（2）为以碳排放强度为被解释变量的回归估计结果，列（5）和列（6）为以人均碳排放为被解释变量的回归估计结果。

表5-3　　　　　　　静态与动态面板模型的估计结果

变量	碳排放强度				人均碳排放			
	（1）	（2）	（3）	（4）	（5）	（6）	（7）	（8）
lnaid	-0.012** (-2.23)	-0.012* (-2.10)	-0.004** (-2.20)	-0.007*** (-3.08)	-0.011** (-2.17)	-0.011** (-2.23)	-0.005*** (-2.83)	-0.003* (-1.68)
ln$y$	0.067 (0.51)	0.067 (0.59)	0.040 (0.54)	0.076** (2.03)	1.059*** (8.02)	1.059*** (9.25)	0.600*** (4.73)	0.334*** (4.52)
(ln$y$)^2	-0.038*** (-4.59)	-0.038*** (-9.49)	-0.041*** (-8.10)	-0.016*** (-6.21)	-0.038*** (-4.58)	-0.038*** (-10.07)	-0.024*** (-4.03)	-0.024*** (-5.27)
$trade$	0.006*** (9.77)	0.006*** (9.11)	0.005*** (9.10)	0.006*** (11.41)	0.006*** (9.63)	0.006*** (8.29)	0.004*** (5.92)	0.001*** (5.06)
$urban$	0.001 (0.33)	0.001 (0.36)	0.005 (1.31)	0.004*** (4.46)	0.001 (0.49)	0.001 (0.50)	-0.039*** (-2.94)	-0.003*** (-5.51)
lnkl	0.076*** (2.61)	0.076*** (2.81)	-0.061* (-1.70)	0.064*** (2.85)	0.081*** (2.79)	0.081*** (2.98)	-0.036 (-0.57)	0.165*** (10.45)
ln$co2gdp_{t-1}$			0.291*** (10.14)	0.805*** (46.79)				
ln$co2p_{t-1}$							0.426*** (7.62)	0.917*** (112.81)
常数项	7.279*** (15.14)	7.279*** (14.25)	6.280*** (19.56)	0.733*** (4.59)	0.371 (0.77)	0.371 (0.73)	2.815*** (4.39)	-1.553*** (-6.90)
国家固定效应	控制	控制			控制	控制		
时间固定效应	控制	控制	控制	控制	控制	控制	控制	控制
观测值	819	819	667	767	819	819	667	767
国家数	77	77	77	77	77	77	77	77
AR（2）-p	—	—	0.9731	0.9795	—	—	0.8854	0.3619
Sargan	—	—	0.2023	0.9870	—	—	0.2639	0.5862

注：（1）括号内数字为相应t值，列（1）和列（5）均根据常规标准误计算，列（2）和列（6）均按稳健标准误计算（Driscoll and Kraay, 1998），列（3）和列（7）为差分GMM的估计结果，列（4）和列（8）为系统GMM的估计结果；（2）***、**和*分别表示在1%、5%、10%水平下显著。

需注意的是，考虑到当期碳排放可能会受到上期的影响，固定效应模型的设定可能会存在内生性问题。进一步地，可通过在模型中引入被解释变量的滞后一期构建动态面板模型，运用工具变量或广义矩（Generalized Method of Moments，简称 GMM）估计方法对动态面板模型进行估计，以有效解决内生性问题，同时还能确保参数估计的一致性和有效性。此外，在存在异方差的情况下，GMM 估计方法相对于工具变量法更有效率。基于此，本章同时选择差分 GMM 模型和系统 GMM 模型两种方法对式（5 - 2）进行回归估计，估计结果如表 5 - 3 中的列（3）、列（4）、列（7）和列（8）所示。其中，列（3）和列（7）分别为以碳排放强度、人均碳排放为被解释变量的差分 GMM 估计结果，列（4）和列（8）则分别为以碳排放强度、人均碳排放为被解释变量的系统 GMM 估计结果。

值得说明的是，作为一致估计，GMM 估计成立的前提为回归方程中的扰动项不存在二阶或更高阶的自相关，并且所有工具变量均有效，故需进行 Arellano - Bond 序列相关检验和 Sargan 检验。表 5 - 3 所示的差分 GMM 和系统 GMM 中 AR（2）检验的 p 值均表明接受原假设，即回归方程的扰动项不存在二阶自相关；Sargan 检验结果所对应 p 值均大于 0.05，表明在 5% 的显著性水平上接受"所有工具变量均有效"的原假设。可以看出，本章所建动态面板模型均通过了上述两种检验，因而可以进行 GMM 估计。此外，动态面板回归结果显示被解释变量滞后一期 $lnco2gdp_{i,t-1}$ 及 $lnco2p_{i,t-1}$ 的系数显著，进一步体现出使用 GMM 估计的合理性。

总体来看，加入被解释变量滞后一期以控制内生性后，估计结果与其他估计方法所得结果基本一致。表 5 - 3 显示，除变量 $lnkl$、$urban$ 外，静态面板模型和动态面板模型中各变量的系数估计符号基本一致，能够反映出本章所得估计结果较为稳健。进一步而言，由于系统 GMM 将差分 GMM 和水平 GMM 结合在一起进行估计，使其估计效率相对较高，故接下来本章将根据列（4）和列（8）的系统 GMM 估计结果进行分析。

首先，气候援助对受援国碳排放水平产生了显著的负向影响。具体表现为，变量 $lnaid$ 对受援国碳排放强度、人均碳排放的影响系数分别在 1% 和 10% 水平上显著为负。据此，可以认为气候援助的增加能够降低受援国的碳排放水平，即气候援助发挥了显著的碳减排效应。对于上述碳减排效应的存在性，本章认为能够从以下几方面作进一步解释：第一，气候援助可降低受援国的减排成本，以实现更大程度的碳减排。受援国通过气候援助引进了相关减排设备，减排设备的引入可降低受援国进行碳减排所产生的增量成本；进一步，气候援助所带来的减排技术等还能够通过降低生产过程的能源损耗等来降低受援国的边际减排成本（杨子晖等，2019）。第二，气候援助可积极推进受援国相关气候变化政策的制定。气候援助可以放松受援国政府的财政预算限制，进而促使其能够在减缓气候变化方面投入更多的资金（Chao and Yu，1999；Hatzipanayotou et al.，2002）。在此基础上，受援国政府还可以通过补贴或税收减免的形式来鼓励清洁能源的生产和消费，进而促使本国碳排放水平减低。第三，根据克雷奇默等（Kretschmer et al.，2013）的观点，气候援助不仅可带动相关减排投资，其还可通过推动受援国建立绿色投资组合策略来减少碳排放。可见，气候援助可通过降低受援国减排成本、推动应对相关气候变化政策制定及带动减排投资等途径来发挥出显著的碳减排效应。这一结论也反映出，为促使气候援助发挥更大的碳减排效应，积极推动发达国家持续援助尤为必要。

其次，无论被解释变量是碳排放强度还是人均碳排放，变量 lny 的一次项和二次项系数估计值分别显著为正和为负，意味着随着受援国人均收入水平的逐渐提升，碳排放强度和人均碳排放均呈现出先上升后下降的变化趋势。该结论意味着受援国收入水平与碳排放存在"倒 U 型"的库兹涅茨关系，即 EKC 假说成立。该估计结果在一定程度上也反映出基于 EKC 框架构建的计量模型具有一定合理性，其能够有效地控制经济发展这一重要变量的影响。

最后，在控制变量方面，变量 trade 对受援国碳排放强度及人均碳排放的影响系数均在 1% 水平上显著为正，表明贸易开放水平的提升加剧了受援国碳排放。如前文所述，受援国多为发展中国家，相对于发达国家，其环境规制较为宽松，低碳技术较为落后，使得这些国家出口的产品主要以污染密集型产品为主，故导致贸易开放水平的提升反而加剧上述国家的碳排放。此外，这些国家的进口产品多为低碳的高科技产品，进口的增加并不能通过减少本国高碳产品的生产来降低碳排放。城镇化水平对一国碳排放的影响因指标选取的不同而结果也有所不同。具体表现为，当以碳排放强度为被解释变量时，变量 urban 的系数估计值在 1% 水平上显著为正，表明城镇化水平的提升促进了受援国碳排放强度的增加。与之相反，当以人均碳排放为被解释变量时，变量 urban 的系数估计值在 1% 水平上显著为负，表明城镇化水平的提升可有效减缓受援国人均碳排放。变量 lnkl 对受援国碳排放强度及人均碳排放的影响系数均在 1% 水平显著为正，一定程度上说明了资本劳动比的提高加剧了受援国碳排放，这与林伯强、邹楚沅（2014）所持观点相一致。可见，受援国资本劳动比的提升，在一定程度上会促进资本密集型生产扩张，进而导致受援国的碳排放有所增加。

需要特别说明的是，在基本模型回归估计中，本章不仅使用了两种不同的碳排放水平衡量指标，而且还分别运用静态及动态面板模型进行回归估计。基于上述分析，关于气候援助变量系数符号和显著性的一致性结果能够充分地表明所得结论具有较好的稳健性，故本章不再进行额外的稳健性检验。至此，本章已经从77个受援国的实证分析中，得到了气候援助能够发挥出碳减排效应的经验结论。接下来，本章将按碳排放和收入水平的不同，对受援国进行划分，以揭示出气候援助碳排放效应的异质性特征。

第三节　不同碳排放水平下的异质性特征分析

一、相关事实特征分析

根据表5-1所示的描述性统计可知，不同受援国的碳排放水平存在一定的差异。对此，本章进一步以2014年为例，对受援国碳排放水平的差异进行简要说明。如表5-4所示，在77个受援国中，2014年碳排放强度最高的5个国家分别为蒙古国、伊朗、南非、印度以及中国，最低的5个国家分别为乍得、马里、卢旺达、乌拉圭以及巴拉圭。通过比较可知，蒙古国的碳排放强度约是乍得的32.52倍，上述数值差距足以反映出不同受援国的碳排放强度存在一定差异性。

表5-4　　　　　2014年前（后）五位国家的碳排放强度　　　单位：克/美元

前五位	国家	碳排放强度	后五位	国家	碳排放强度
1	蒙古国	1704.46	1	乍得	52.41
2	伊朗	1494.86	2	马里	98.41
3	南非	1396.81	3	卢旺达	104.75
4	印度	1097.71	4	乌拉圭	117.89
5	中国	981.83	5	巴拉圭	141.58

资料来源：WDI 数据库。

对于各国人均碳排放，表5-4反映出的差异在表5-5中同样能够得到体现。具体而言，南非作为人均碳排放水平最高的国家，其人均碳排放水平是布隆迪的201.87倍，两国的差异也显而易见。

表5-5　　　　2014年前（后）五位国家的人均碳排放水平　　单位：千克/人

前五位	国家	人均碳排放	后五位	国家	人均碳排放
1	南非	8980.12	1	布隆迪	44.49
2	伊朗	8283.02	2	乍得	53.78
3	马来西亚	8032.99	3	中非共和国	66.59
4	中国	7543.91	4	卢旺达	74.02
5	蒙古国	7127.33	5	马拉维	74.76

资料来源：WDI数据库。

结合上述两方面的分析，可以得到77个受援国的碳排放水平的确存在显著的差异。那么，气候援助对具有不同碳排放水平受援国的影响作用是否会存在差异？该影响作用是会与总样本一样，均表现出显著的碳减排效应，抑或是存在异质性特征？接下来，本章将使用其他回归估计方法，对上述问题进行详细回答。

二、估计结果分析

本章选择运用面板模型的分位数回归（Quantile Regression，QR）方法，以期揭示出气候援助对不同碳排放水平受援国可能存在的异质性碳排放效应。现有大多数经验研究主要围绕与线性回归模型相关的普通最小二乘法（OLS）展开讨论，其仅局限于分析解释变量x对被解释变量y的条件期望$E(y|x)$的影响，即为均值回归。此外，这种估计方法难以反映整个条件分布的全貌且估计结果易受极端值的影响。

为弥补上述缺陷，由肯克和巴西特（Koenker and Bassett，1978）提出的QR将经典的最小二乘法从条件均值模型扩展至估计条件分布函数组合的模型。QR可用于分析解释变量对若干重要的条件分位数的影响，而且估计结果不易受极端值的干扰。在此基础上，肯克（Koenker，2004）进一步将QR推广应用于分析面板数据模型，并提出了基于面板固定效应的分位数回归估计方法。相对于传统面板数据分析方法，其具有如下特点：其一，可全面刻画因变量的各分位点随解释变量的变化情况；其二，由于不易受极端值的干扰，QR 的估计结果更为稳健；其三，在误差项非正态的情况下，QR 估计结果比 OLS 更为有效（田茂再，2015）。基于此，针对具有不同碳排放水平的受援国，本节尝试利用面板分位数回归的估计方法，考察气候援助碳排放效应的异质性特征。与多数研究相同，本章选择具有代表性的分位点 10%、25%、50%、75% 和 90% 进行回归分析，具体估计结果如表 5 - 6 和表 5 - 7 所示。其中，表 5 - 6 为以碳排放强度为被解释变量的估计结果，表 5 - 7 为以人均碳排放为被解释变量的估计结果。

表 5 - 6 分位数回归的估计结果（lnco2gdp）

变量	碳排放强度				
	Q_10	Q_25	Q_50	Q_75	Q_90
lnaid	- 0.016 ** (- 3.23)	- 0.026 *** (- 8.66)	- 0.031 *** (- 4.78)	- 0.009 (- 0.57)	0.010 (- 0.97)
lny	2.317 *** (- 11.98)	1.017 *** (- 6.45)	0.880 *** (- 7.71)	0.593 ** (- 2.23)	0.904 * (- 1.84)
$(lny)^2$	- 0.186 *** (- 13.39)	- 0.099 *** (- 10.51)	- 0.116 *** (- 17.15)	- 0.081 *** (- 4.05)	- 0.106 * (- 1.73)
trade	0.006 *** (- 23.89)	0.005 *** (- 14.22)	0.005 *** (- 13.37)	0.005 *** (- 13.1)	0.006 *** (- 7.83)
urban	0.012 *** (- 11.03)	0.015 *** (- 25.05)	0.027 *** (- 41.88)	0.011 *** (- 9.16)	0.015 ** (- 1.97)
lnkl	0.165 *** (- 9.01)	0.218 *** (- 4.58)	0.109 ** (- 2.8)	0.221 *** (- 4.01)	0.299 (- 1.24)
国家固定效应	控制	控制	控制	控制	控制
时间固定效应	控制	控制	控制	控制	控制
观测值	819	819	819	819	819
国家数	77	77	77	77	77

注：括号内数字为相应 t 值，*** 、** 和 * 分别表示在 1%、5% 和 10% 水平下显著。

表 5 - 7　　　　　　　　分位数回归的估计结果 （lnco2p）

变量	人均碳排放				
	Q_10	Q_25	Q_50	Q_75	Q_90
lnaid	- 0.005 ** (- 2.17)	- 0.008 ** (- 2.17)	- 0.011 *** (- 5.13)	- 0.033 *** (- 15.54)	0.016 (1.17)
lny	1.964 *** (11.51)	1.119 *** (10.02)	1.688 *** (33.75)	1.772 *** (22.01)	2.037 *** (7.55)
(lny)²	- 0.071 *** (- 3.99)	- 0.037 *** (- 4.59)	- 0.092 *** (- 27.02)	- 0.071 *** (- 14.09)	- 0.100 *** (- 4.62)
trade	0.007 *** (21.11)	0.006 *** (10.95)	0.008 *** (87.08)	0.010 *** (45.88)	0.004 *** (3.71)
urban	0.011 *** (8.10)	0.019 *** (22.28)	0.021 *** (130.17)	0.009 *** (20.09)	0.017 *** (5.26)
lnkl	0.077 * (1.91)	0.234 *** (8.04)	0.237 *** (28.75)	0.098 *** (5.63)	0.127 ** (2.20)
国家固定效应	控制	控制	控制	控制	控制
时间固定效应	控制	控制	控制	控制	控制
观测值	819	819	819	819	819
国家数	77	77	77	77	77

注：括号内数字为相应 t 值，*** 、** 和 * 分别表示在 1%、5% 和 10% 水平下显著。

对于核心解释变量，通过表 5 - 6 可知，当以碳排放强度为被解释变量时，变量 lnaid 的系数估计值除在 90% 分位点和 75% 分位点上不显著外，在其余分位点上均不同程度的显著为负。变量 lnaid 系数估计值的具体变化特征为，其绝对值随分位数的增加 （10%→25%→50%） 呈现递增趋势 （- 0.0157→- 0.0258→- 0.0308），且显著性也有所增加。这表明，在一定范围内，对于碳排放强度越高的国家，气候援助的碳减排效应越强。同上述变化趋势基本一致，通过表 5 - 7 可知，当以人均碳排放为被解释变量时，变量 lnaid 的系数估计值除在 90% 分位点上不显著外，在其余分位点上同样表现为不同程度地显著为负。变量 lnaid 系数估计值的具体变化特征为，其绝对值随分位数的增加 （10%→25%→50%→75%） 呈现递增趋势 （- 0.005→- 0.008→- 0.011→- 0.033），且显著性同样有所增加。上述估计结果表明，在一定范围内，对于人均碳排放水平越高的受援国，气候援助所能发挥出的碳减排效应越强。

值得说明的是，气候援助对位于高分位点受援国的碳排放强度及人均碳排放之影响并不显著。具体而言，在 75% 和 90% 分位点上，气候援助对受援国碳排放强度分别产生了不显著的负向和正向作用；在 90% 分位点上，气候援助对受援国人均碳排放产生了不显著的正向作用。这意味着对处于高碳排放水平的受援国，气候援助并未发挥出预期的碳减排效应。

总之，面板分位数的回归结果反映出，气候援助对受援国碳排放的影响的确存在一定异质性特征，同时其变化特征也表现出一定的规律性。具体而言，一定范围内，气候援助发挥了预期的碳减排效应，且随着分位点由低端向较高端移动，其减排效应逐渐增强。该结论意味着气候资金向较高碳排放水平的国家倾斜可促使其发挥更好的减排效果。但也需注意的是，当达到高分位点时，气候援助反而并没有发挥显著的减排效应。

那么，为何气候援助对相对较高碳排放水平受援国的碳排放效应并不显著？对此，本章认为可从以下几个方面进行解释：其一，诸如中国等作为碳排放大国的受援国，随着其经济实力及政治地位的增强，这些受援国开始逐步转变为有积极意愿承担更多国际责任的对外援助国，这一角色转变主要表现为其接受的气候援助快速减少[1]，减排资金缺口则会随之逐渐扩大[2]，进而使得有限的气候援助难以发挥出应有的减排作用。其二，对于一直得到较多气候援助的碳排放大国（如印度、印度尼西亚）[3]，随着气候援助规模的逐渐增大，这些国家未来减排潜力会越来越小，导致需要加倍增长的减排资金才能达到预期的减排效果，因此减排资金缺口也可能会逐渐扩大。以各国向 UNFCCC 所提交的"国家自主贡献预案"（INDC）为例，洪祎君等（2018）汇总了 INDCs 中 84 份提出了具体资金数额的国家自主贡献文件，该 84 个发展中国家在国家自主贡献时间框架内的资金需求总值达 4.4 万亿美元，年均资金需求为 2900 亿美元，而其远高于发达国家承诺提供的气候资金额。具体而言，印度的资金需求量最大，达 2.5 万亿美元，其次为伊朗，其资金需求达 1925 亿美元。可以看出，资金

---

① 摘自 2017 年的《应对气候变化报告：坚定推动落实〈巴黎协定〉》。

② 根据 OECD 所统计的接受双边减缓性气候援助金额排名前十的国家，2000 年中国是获得气候援助最多的国家，2017 年中国已经掉出前十之列。

③ 根据 OECD 所统计的接受双边减缓性气候援助金额排名前十的国家，2000～2017 年印度、印度尼西亚所获气候援助始终位于前列。

需求量相对较大的国家多为碳排放大国。换言之，现有不充分的气候援助与碳排放大国进行有效碳减排的资金需求相去甚远，这在一定程度上能够解释为何气候援助在高碳排放受援国中难以发挥出应有的减排作用。

对于控制变量 lny，可以发现，无论在静态和动态面板模型，还是分位数回归模型中，其一次项及二次项系数估计值在不同程度上均分别显著为正和负，再次反映出所考察受援国收入水平与碳排放水平之间存在"倒 U 型"的库兹涅茨关系。对于其他的控制变量而言，分位数回归模型中的系数符号与基准模型基本一致，再次表明本章所得实证分析结论较为稳健。

第四节　不同收入水平下的异质性特征分析

气候援助的覆盖范围涉及不同收入水平的受援国，具体表现为各国在技术水平、环保标准、基础设施建设等方面存在较大差别。因此，虽然上述各国面临共同的气候变化问题，但气候援助对不同收入水平受援国碳排放的影响可能会存在差异。事实上，气候援助对不同收入水平受援国碳排放的异质性影响，已有学者给予了关注。例如，米可洛瓦和米可洛瓦（Michaelowa and Michaelowa，2009）曾指出气候援助在人均收入水平较高的新兴经济体（如中国）具有更大的碳减排潜力，但上述观点并未得到相关研究的经验支撑；佘群芝、吴肖丽（2019）则关注到了收入水平对能源援助碳排放效应的影响研究，运用面板门槛回归分析方法得出了能源援助的碳减排效应随人均收入提升而呈下降趋势的结论。那么，针对不同收入水平的受援国，气候援助对其碳排放的影响是否会存在异质性特征呢？为回答上述问题，本章将受援国划分为低收入、中等收入和高收入地区三个子样本①，先对不同收入水平受援国的碳排放水平与气候援助的事实特征进行分析，然后运用固定效应模型对气候援助碳排放效应可能存在的异质性特征做进一步讨论。

---

　　① 本章根据世界银行 2014 年对人均国民收入的国家划分标准，将所考察的 77 个受援国分为三类：人均国民收入低于 1045 美元的为低收入国家，人均国民收入大于 1046 美元小于 12735 美元的国家为中等收入国家，人均国民收入大于 12736 美元的国家为高收入国家。

一、相关事实特征分析

（一）不同收入国家的碳排放水平

在碳排放强度方面，如图 5 - 1 所示，1980 ~ 2014 年，中等收入国家的碳排放强度最高，高收入国家居中，低收入国家最低。从变化趋势来看，不同收入水平国家的碳排放强度总体上均呈现出逐渐下降的趋势。在人均碳排放方面，如图 5 - 2 所示，1980 ~ 2014 年，高收入国家的人均碳排放最高，中等收入国家次之，低收入国家最低。从变化趋势来看，低收入及高收入国家的人均碳排放总体上呈现出较为平稳的变化趋势；与之不同，中等收入国家的人均碳排放总体上则呈现出明显的上升趋势。

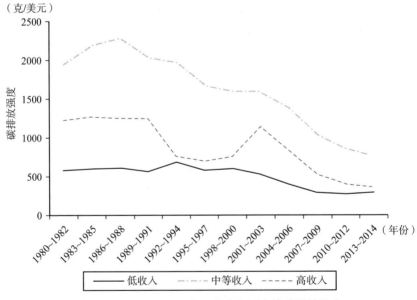

图 5 - 1 1980 ~ 2014 年不同收入国家的碳排放强度

资料来源：WDI 数据库。

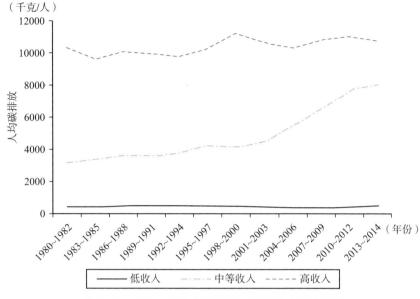

图 5 - 2 1980 ~ 2014 年不同收入国家的人均碳排放

资料来源：WDI 数据库。

（二）不同收入国家的气候援助水平

从各类受援国所接受的气候援助来看，1992 年之前，各类国家所接受的气候援助均较少，且变化趋势较为平缓（见图 5 - 3）。上述变化趋势在 1992 年联合国环境与发展大会上 154 个国家正式签署《公约》后得以改变。该公约作为世界上第一个全球应对气候变化的国际公约，是国际社会共同应对气候变化的重要基本框架，也是国际气候治理进程中具有里程碑意义的成果。自该次会议之后，全球气候治理框架不断完善，也促使相关气候援助的规模不断扩大。因此，自 1992 年之后，大部分国家得到的气候援助呈现出了逐渐上升的趋势。总的来看，1980 ~ 2014 年，中等收入国家得到的气候援助最多且增长幅度最为明显，低收入国家得到的气候援助相对较少但呈现出了明显的增长态势，高收入国家得到的气候援助最少且变化幅度较小。可以注意到，上述分布特征与第三章中图 3 - 5 和图 3 - 9 呈现出的地区分布特征保持一致。

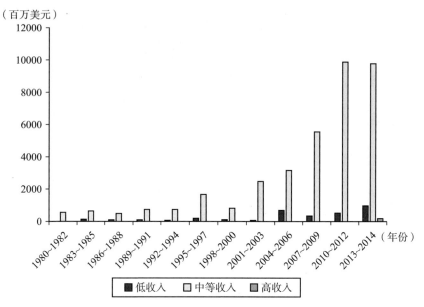

图 5 – 3　1980 ~ 2014 年不同收入国家接受的气候援助

资料来源：AidData 数据库和 OECD – DAC CRS 数据库。

综上可见，对于不同收入水平的受援国而言，碳排放水平和接受的气候援助均存在明显的差异性，可以合理预见气候援助在不同收入国家的碳排放效应可能存在差异。例如，中等收入国家的碳排放水平相对较高，其得到的气候援助也明显高于其他两类国家，故气候援助在该类国家中的碳排放效应可能较强；而对于高收入国家，其得到的气候援助较低，故在此类国家中气候援助发挥的碳排放效应可能会相对较弱。

二、估计结果分析

从事实特征分析中得到的预期结论，还需通过具体的实证分析加以验证。在回归方法选择方面，张志强（2017）指出广泛应用的差分 GMM 和系统 GMM 的参数估计方法，在小样本情况下，存在明显的参数估计偏差，相应的参数检验功效也存在扭曲。鉴于本节根据不同收入水平对受援国进行了划分，促使子样本中实际使用的观测值明显变少，若继续运用差分 GMM 或系统 GMM 进行估计，将会出现上述所提的估计偏差等问题。因此，本章根据 Hausman 检验结果，最终选择使用固定效应模型进行回归估计，具体估计结果如表5-8所示。

表5-8　　　　　　　　不同收入水平下的估计结果

变量	碳排放强度			人均碳排放		
	低收入	中等收入	高收入	低收入	中等收入	高收入
lnaid	-0.020* (-2.09)	-0.022** (-3.00)	-0.001 (-0.26)	-0.020* (-2.03)	-0.021** (-3.26)	-0.005 (-1.72)
ln$y$	-1.358 (-1.49)	0.307** (2.44)	1.557* (3.10)	-0.440 (-0.47)	1.290*** (10.94)	2.300** (5.03)
(ln$y$)^2	0.066 (0.94)	-0.065*** (-7.11)	-0.135** (-4.77)	0.072 (1.01)	-0.064*** (-7.46)	-0.124** (-4.86)
$trade$	0.006** (3.71)	0.005*** (6.81)	0.009** (3.62)	0.006** (3.34)	0.005*** (6.46)	0.009** (3.58)
$urban$	-0.009 (-1.55)	0.000 (0.05)	0.021 (1.64)	-0.008 (-1.35)	0.000 (0.07)	0.020 (1.43)
lnkl	0.061 (1.15)	0.070* (1.93)	-0.014 (-0.17)	0.067 (1.17)	0.071** (2.13)	0.076 (0.73)
常数项	11.444*** (4.20)	7.502*** (13.71)	0.917 (0.38)	4.723 (1.70)	0.648 (1.27)	-5.140 (-2.25)
观测值	220	563	36	220	563	36
国家数	20	53	4	20	53	4

注：（1）括号内数字为相应 t 值，所得结果均根据稳健标准误计算；（2）***、** 和 * 分别表示在1%、5%和10%水平下显著。

根据表5-8所示的估计结果，本章主要从以下几个方面对气候援助碳排放效应的异质性特征进行分析：首先，对于低收入水平国家，气候援助对其产生了显著的减排效应。具体表现为，变量 lnaid 对低收入国家碳排放强度及人均碳排放的系数估计值均在10%水平上显著为负。值得说明的是，上述结论与阿尔文等（Arvin et al.，2006）的研究相一致。本章认为，气候援助可促使低收入受援国实现碳减排的原因可能在于：低收入国家的经济结构主要以低耗能低排放的农业为主，碳排放强度及人均碳排放均较低，这在前文的事实特征分析中也可以得到体现。因此，即便上述国家得到了较少的气候援助，气候援助也可通过为这些国家提供一定的减排资源来帮助其实现碳减排。

其次，对于中等收入国家，气候援助同样对其产生了显著的减排效应。具体表现为，变量 lnaid 对中等收入国家碳排放强度及人均碳排放的系数估计值均在 5% 水平上显著为负。产生上述显著减排效应的原因可能在于：其一，中等收入国家的碳排放强度及人均碳排放均相对较高，这些国家具有较高的减排资金缺口；同时，这些国家也得到了相对较多的气候援助，可弥补上述国家的资金缺口，进而导致气候援助可有效帮助其实现碳减排。其二，总体来看，大部分中等收入国家的低碳技术较为落后，其存在较大的减排潜力，这也促使气候援助较易发挥出显著的减排效应。

再次，对于高收入水平国家，气候援助对其产生了并不显著的减排效应。具体表现为，变量 lnaid 对高收入水平国家碳排放强度及人均碳排放的系数估计值均不显著。本章进一步发现，所考察的高收入国家包括阿根廷、智利、乌拉圭及委内瑞拉四个发展中国家。其中，阿根廷和委内瑞拉均属于碳排放水平相对较高的国家，具有较高的减排资金需求；作为较易受气候变化影响的智利，其碳排放水平较低，而且其在推动可再生能源发展方面还卓有成效，上述现状意味着智利的减排潜力较小[1]；乌拉圭的经济结构主要以农牧业为主，产业结构较为低碳，其减排潜力同样较小。与上述现状形成鲜明对比的是，高收入国家所接受到气候援助是最少的，1980~2014 年每年平均得到的气候援助额仅为 23.9 百万美元。由此可知，无论是针对碳排放水平较高的高收入受援国，抑或是针对减排潜力较小的高收入受援国，较少的气候援助都难以有效地帮助上述国家实现碳减排，而这也正是气候援助对高收入国家碳排放水平产生了并不显著减排效应的原因所在。

最后，通过比较变量 lnaid 系数估计值的大小和显著性水平，可以发现气候援助的确对中等收入国家的减排效应最大且最为显著，对低收入国家的减排效应次之，而对高收入国家的减排效应最小且不显著。上述异质性特征，与前面事实特征分析所得的预期结论相一致，一定程度上反映出异质性分析结论符合现实发展状况。

---

① 姚金楠：《智利力推可再生能源发展》，载于《中国能源报》2019 年版。

本 章 小 结

基于 AidData 与 OECD－DAC CRS 数据库，利用关键词检索法对双边减缓性气候援助数据进行筛选，然后结合 WDI 数据库整理得到了 1980～2014 年 77 个受援国的国家面板数据。在上述样本基础上，本章进一步运用静态和动态面板实证分析了气候援助对受援国碳排放的影响，并利用面板分位数等回归方法对不同碳排放水平和收入水平下气候援助碳排放效应的异质性特征进行实证考察。本章得到的主要结论如下：

第一，从以 77 个受援国为总样本的实证分析结果来看，气候援助发挥出了预期的碳减排效应，具体表现在气候援助的增加显著降低了受援国的碳排放强度和人均碳排放。此外，受援国收入水平与碳排放的关系符合 EKC 假说；贸易开放度和资本劳动比的提升均显著加剧了受援国碳排放，而城镇化水平的提升促进了受援国碳排放强度的增加，但降低了人均碳排放水平。

第二，气候援助对不同碳排放水平受援国产生的碳排放效应具有异质性特征。根据面板分位数回归估计结果，一定范围内，气候援助发挥出了预期的减排效应，且随着分位点由低端向较高端移动，上述减排效应逐渐增强。该结论意味着气候援助向较高碳排放水平的国家倾斜可促使其发挥出更好的减排效果。但也需注意到，当达到高分位点（如 90%）时，气候援助反而没有发挥出显著的减排效应，这与受援国具有较高的减排资金需求及气候援助的不充分等因素紧密相关。

第三，气候援助对不同收入水平受援国产生的碳排放效应也具有异质性特征。根据固定效应模型的估计结果，气候援助对中等收入和低收入国家的碳排放强度及人均碳排放均产生了显著的减排效应，而对高收入国家的减排效应并不显著。产生上述异质性影响的原因，与不同收入水平国家接受的气候援助额、经济结构、可再生能源发展等方面密切相关。

| 第六章 |

国际气候援助发挥碳减排效应的机制分析

　　第五章的实证分析已从整体上验证了气候援助对受援国的碳减排效应。那么，该碳减排效应的内在作用机制如何？气候援助对受援国碳排放的影响是否存在相关中介因素？上述问题值得进一步关注，能够作为第四章理论分析和第五章实证分析的重要拓展，同时也是本章拟待解决的核心问题。为此，本章从理论层面提出了气候援助对受援国碳排放具有直接减排效应和间接减排效应的双重减排机制，进一步结合 1980 ~ 2014 年 52 个受援国的国家面板数据，利用中介效应模型实证检验气候援助的直接减排效应以及其通过影响能源结构或能源效率而发挥的间接减排效应。

　　能源部门与碳排放之间存在紧密联系，在很大程度上，能源消费的上升将直接导致碳排放水平的增长。因此，通过控制能源部门碳排放来应对气候变化至关重要。另外，从一国整体来看，各国均致力于通过控制传统化石能源消费总量、大力发展清洁能源、推动化石能源清洁化利用、加强低碳技术研发应用等诸多手段，优化能源结构和提升能源效率，试图达到控制碳排放以减缓气候变化的目的。

　　正因能源部门在全球碳排放中占据主要地位，也促使该部门成了气候援助的主要流入部门。根据 OECD 统计，能源部门是 2017 年双边气候援助流入金额最大的部门，援助资金高达 6974 百万美元。此外，根据减缓性气候援助的主要实施领域可知，气候援助致力于通过促进化石燃料替代、推动可再生能源技术应用及核能等的利用来优化能源结构和提升各部门能源效率，以达到减缓气候变化的目的。

　　总之，能源部门是气候援助涉及的重要部门，而优化能源结构和提升能源效率是气候援助的重要目标，也是减缓气候变化的重要途径。由此，能源结构和能源效率在气候援助的碳排放效应中会发挥出何种作用，便值得重点关注。如果能源结构或能源效率的确在其中起到了关键的中介作用，这不仅有助于揭示出气候援助碳减排效应的内在作用机制，还可为全球气候治理更加有效、合理地利用气候援助提供发展启示。

第一节　理论假设的提出

作为国际社会用来应对气候变化的重要手段之一，本章认为气候援助本身不仅可以通过提供减排资源等来直接降低受援国碳排放，其还可能通过影响能源结构和能源效率来间接影响受援国碳排放。换言之，气候援助对受援国碳排放或存在双重减排机制。接下来，本章将从直接减排效应和间接减排效应两个方面着重对气候援助的双重减排机制进行理论分析。

一、直接减排效应

气候援助项目所具有的易监测特点，以及其提供的减排资源，可促使受援国在项目顺利完成后实现较为可观的减排量。一方面，微观层面的气候援助项目通常具有明确的预期目标，且其实施效果较易被追踪监测，从而能保证气候援助项目减排效应的发挥（Marquardt et al.，2016）。与之类似，埃利斯等（Ellis et al.，2013）也指出可从微观项目、国家和国际层面去评估气候援助的实施效果，评估范围的不同会导致效果的差异，而针对微观项目层面的评估更易达到其预期的效果。另一方面，当气候援助项目落地实施后，不考虑其他条件发生变化的前提下，气候援助还能使受援国减排资源增加，进而可降低一国的碳排放水平。总之，上述两方面的综合作用，促使气候援助项目在执行期间即可帮助受援国实现一定的减排量。

进一步，以日本、加拿大、欧盟等发达国家（地区）对发展中国家的具体气候援助项目为例进行说明。其一，根据日本国际合作系统（JICS）披露的信息，日本在2009～2010年分别向约旦、巴基斯坦、蒙古国、巴勒斯坦四国进行了相关气候援助，援助的主要内容是为上述四个国家分别安装280kWp、178.08kWp、443.528kWp、300kWp 的太阳能发电系统，援助金额总计达 23.1 亿日元[①]。其二，加拿大于 2010～2011 年援助乌干达西尼罗河地区建造了 4.4MW（兆瓦）的小型水电站，相关援助金额达 20 万美元，同时动员其他资金渠道的援助金额更是高达 91.5 万美元[②]。其三，欧盟还在 2009～2015 年向马尔代夫援助了 300kWp 的太阳能发电系统和其他节能设备，援助金额达 6.5 亿欧元[③]。可以预见，以上气候援助项目中安装的太阳能发电系统、建造的小型水电站均是受援国重要的减排资源，会帮助当地在短时期内实现可观的碳减排量。例如，根据加拿大政府网站发布的信息，加拿大对乌干达援建的小型水电站项目预计可实现每年 1100 吨的 CO_2 减排量。

因此，本章认为气候援助项目的实施可直接降低受援国的碳排放。据此，本章提出如下研究假设：

H1：通过微观项目的减排监测和增加受援国减排资源，气候援助可直接降低受援国碳排放水平，即气候援助具有直接减排效应。

二、间接减排效应

与直接提供减排资源以实现短时期内的碳减排不同，气候援助还可通过其他途径来帮助受援国实现碳减排。通常而言，气候援助项目多涉及较为先进的低碳技术，这一特点在气候援助的主要实施领域也可以得到体现。进一步地，上述低碳技术会对受援国能源结构和能源效率产生一定影响。根据鄢哲明等（2017）的观点，低碳技术可分为清洁技术和灰色技术两类。前者可直接促进清洁能源使用比重的上升，进而优化能源结构；后者则主要用于提升能源效率，即其具有潜在能源使用的节约效应，能够在技术层面抑制能源使用量的上升速率。据此，本章认为具有低碳技术属性的气候援助可通过改

---

① 资料来源于日本国际合作系统的官方网站 https：//www. jics. or. jp/jics_html - e/description/index. html。日本国际合作系统成立于 1989 年，主要是负责相关赠款援助和技术合作等方面的双边援助机构。现阶段其所涉及的援助领域主要包括食品安全、防止冲突和维护和平、灾后重建、环境保护与应对气候变化领域等。

② 资料来源于加拿大政府的官方网站 https：//climate - change. canada. ca/finance/details. aspx？ id =333。

③ 资料来源于欧盟的双边气候援助机构 GCCA 网站 http：//www. gcca. eu/programmes/support - climate - change - adaptation - and - mitigation - maldives。GCCA 为全球气候变化联盟（Global Climate Change Alliance）的简称，成立于 2007 年，旨在帮助发展中国家、最不发达国家及小岛屿国家等来应对气候变化。

变受援国的能源结构和能源效率来进一步影响碳排放水平。换言之,能源结构和能源效率能够在气候援助发挥碳减排效应的过程中发挥出中介作用。以下将分别就能源结构和能源效率的中介作用进行具体的理论分析。

(一) 能源结构的中介作用

关于能源结构的中介作用,一方面,气候援助能够推动受援国清洁技术发展,促进受援国清洁能源对传统化石能源的逐步替代,进而优化一国能源结构。具体而言,流入受援国的气候援助项目主要涉及太阳能、生物能源、地热能、水力发电、潮汐能、海洋能、核能等清洁能源相关的开发与利用技术,上述技术有助于受援国有效推广及使用清洁能源,实现对传统化石能源的部分替代,进而推动受援国能源结构的逐步优化调整。事实上,气候援助对优化能源结构的有利影响已得到了诸多学者的认同。蒂尔帕克和亚当斯 (Tirpak and Adams, 2008) 通过分析针对能源部门的双边及多边援助的发展趋势以及其对减缓气候变化的影响时,发现增加上述资金援助可有效推动清洁能源的开发与利用。罗杰 (Rogner, 2013) 则指出以减缓气候变化为目标的 ODA,对增加获取清洁能源的机会能产生积极作用。纽厄尔和布克利 (Newell and Bulkeley, 2017) 还发现丹麦和德国的资金及技术援助,在南非可再生能源发展的初期阶段发挥了重要作用,具体作用体现在项目开发、政策制定、技术研发等方面,而且气候援助还可以带来乘数效应,撬动私人部门资金流入可再生能源等清洁能源领域。金姆 (Kim, 2019) 进一步指出诸如《京都议定书》等相关国际协议的签订,在推动清洁能源使用方面的作用不可忽视。

另一方面,能源结构的优化对受援国实现碳减排具有重要的促进作用,该作用在不同国家均得到了验证。对中国而言,张伟等 (2016) 指出能源结构的优化可驱动中国产业体系低碳化发展;曹和卡普拉斯 (Cao and Karplus, 2014)、王等 (Wang et al., 2016) 则发现传统化石能源使用的降低是导致中国碳排放强度下降的主要原因。除中国外,什雷斯塔和拉贾班达里 (Shrestha and Rajbhandari, 2010) 将尼泊尔加德满都谷地作为案例研究对象,分析了上述地区能源结构对碳排放的影响,认为需促进传统化石能源向低碳能源转变,才能有效降低该地区的碳排放;林和艾哈迈德 (Lin and Ahmad, 2017) 则指出化石能源燃烧是导致巴基斯坦碳排放上升的主要原因,能源供应的多元化、清洁能源的使用是巴基斯坦实现减排的关键所在。

综合上述两方面分析可得，气候援助有助于推动受援国能源结构的优化，而能源结构的优化对一国实现碳减排会产生有利影响，即能源结构会在气候援助发挥碳减排效应的过程中发挥出中介作用。据此，本章提出如下研究假设：

H2：气候援助通过推动清洁技术的发展，促使受援国清洁能源替代传统化石能源来实现能源结构的优化，进而降低受援国碳排放水平，即能源结构发挥了中介作用。

（二）能源效率的中介作用

关于能源效率的中介作用，一方面，气候援助能够通过推动受援国灰色技术的进步，来提升高碳能源在使用过程中的碳排放效率，降低能源的投入量，进而提升能源效率。具体来看，相关气候援助项目的引进可通过灰色技术的普及来提升能源效率，如可通过废热回收技术的推广、采用更为低碳的发电技术以及改良一些化工厂的除碳设备等手段来降低能源投入量。对此，部分学者也指出气候援助在提升能源效率方面能够发挥出积极作用。例如，波普（Popp，2011）指出气候援助为受援国引入了先进的低碳技术，可提升相关企业的能源效率；陈和何（Chen and He，2013）则认为诸多关于能力建设的气候援助项目，对于开发受援国节能技术市场具有促进作用。

另一方面，能源效率的提升将会降低一国碳排放水平，这一观点也得到了诸多学者的认可。具体而言，林伯强、蒋竺均（2009）和张少华、蒋伟杰（2016）曾指出所谓节能减排，主要就是通过提高能源效率来实现减排目标。沃雷尔等（Worrell et al.，2009）进一步指出虽然能源效率在过去几十年不断提升，但其仍可能是2030年减少工业温室气体排放的最重要且最具成本效益的手段，相关工业能效技术将是提升能源效率与实现减排的关键所在。格斯伯格等（Gerstlberger et al.，2016）则指出注重生产工艺技术创新是提升欧洲制造企业能源效率以降低碳排放的重要途径之一。布伊等（Bui et al.，2017）进一步发现生物质能及CCS技术的应用可有效提升能源效率和降低碳排放。

同样地，综合上述两方面分析可得，气候援助可有效提升受援国的能源效率，而能源效率的提升对一国实现碳减排具有重要的促进作用，即能源效率也会在气候援助发挥碳减排效应的过程中发挥出中介作用。据此，本章提出如下研究假设：

H3：气候援助通过推动灰色技术的普及和应用，可有效帮助受援国节约能源的使用以提升能源效率，进而降低受援国碳排放水平，即能源效率发挥了中介作用。

至此，可以全面地得到气候援助对受援国碳排放的双重减排机制，具体如图6-1所示。

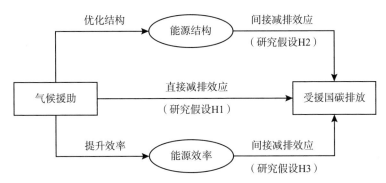

图6-1 气候援助对受援国碳排放的双重减排机制

第二节　模型构建与数据说明

一、模型构建

本章借鉴张娟（2017）、博利（Boly，2018）等研究，将能源结构和能源效率作为中介变量，构建中介效应模型以实证检验能源结构和能源效率在气候援助发挥碳减排效应过程中的中介作用，并对气候援助的直接减排效应进行实证考察。本章构建的中介效应模型分为三个部分，其中第一部分考察的是气候援助作用于受援国碳排放的总效应，即为：

$$\ln co2_{it} = \alpha_0 + c \ln aid_{it} + \alpha_1 X + \mu_i + \lambda_t + \varepsilon_{it} \qquad (6-1)$$

对式（6-1）的估计为中介效应检验的步骤一，主要考察在不存在中介变量的情形下，气候援助对受援国碳排放的总体影响。式（6-1）中的变量含义与式（5-1）相同，不再逐一赘述①。

---

① 需要说明的是，由于本章的实证分析样本有所调整，故对式（6-1）的估计结果会与式（5-1）有所区别。当然，通过两者估计结果的比较，也能够对模型估计结果的稳健性进行检验。

中介效应模型的第二部分考察的是气候援助对中介变量产生的影响，即为：

$$ES_{it} = \gamma_0 + a\ln aid_{it} + \gamma_1 X + \mu_i + \lambda_t + \varepsilon_{it} \qquad (6-2)$$

$$TFEE_{it} = \beta_0 + a'\ln aid_{it} + \beta_1 X + \mu_i + \lambda_t + \varepsilon_{it} \qquad (6-3)$$

其中，变量 ES、$TFEE$ 分别代表受援国的能源结构、能源效率，其他变量与式（6-1）相同。对式（6-2）和式（6-3）的估计为中介效应检验的步骤二，分别考察气候援助对中介变量能源结构和能源效率的影响。

中介效应模型的第三部分为在第一部分基础上，加入中介变量以同时考察气候援助的直接效应和通过中介变量所发挥的间接效应，即为：

$$\ln co2_{it} = \rho_0 + c'\ln aid_{it} + bES_{it} + \rho_1 X + \mu_i + \lambda_t + \varepsilon_{it} \qquad (6-4)$$

$$\ln co2_{it} = \theta_0 + c''\ln aid_{it} + b'TFEE_{it} + \theta_1 X + \mu_i + \lambda_t + \varepsilon_{it} \qquad (6-5)$$

对式（6-4）和式（6-5）的估计为中介效应检验的步骤三，可将式（6-1）所得气候援助对受援国碳排放产生的总效应（c）分解为直接效应（c' 或 c''）和通过能源结构（效率）这一中介变量产生的间接效应（ab 或 $a'b'$），即有 $c = c' + ab$，$c = c'' + a'b'$。

对于是否存在显著的中介效应，本章主要借鉴温忠麟、叶宝娟（2014）和叶宝娟、胡竹菁（2016）等提出的中介效应检验方法来进行检验。以下以能源结构作为中介变量为例，就具体检验步骤进行说明：（1）若式（6-1）中回归系数 c 显著为负，则说明气候援助存在碳减排效应；若不显著，则意味着气候援助与受援国碳排放无关，从而无法继续讨论中介效应。（2）在气候援助存在碳减排效应的基础上，若回归系数 a 和 b 均显著，则说明以能源结构为中介的间接效应显著。（3）当回归系数 a 和 b 至少有一个不显著时，可用 Sobel 检验或 Bootstrap 检验两种方法直接检验 ab 是否显著，若显著，说明间接效应显著；反之，若间接效应不显著，则无需进一步分析。（4）在间接效应显著的基础上，需进一步通过检验系数 c' 的显著性来判断直接效应的存在性，若系数 c' 不显著，则意味着直接效应不显著，即仅存在以能源结构为中介的完全中介效应；若显著，则意味着直接效应显著。（5）当存在显著的直接效应与间接效应时，应继续关注 ab 与 c' 是否同号，若同号，则说明能源结构表现为部分中介效应；若异号，则说明能源结构表现为遮掩效应。能源效率作为中介变量的检验步骤同上，具体检验过程不再详述。

二、变量选择与数据来源

（一）变量选择

在变量选择方面，除中介变量外，其余变量选择均与第五章相同，故不再一一详述。对于中介变量，主要为能源结构和能源效率两方面指标。在能源结构的指标选择方面，本章按照通常的做法，选择使用传统化石能源消费占能源消费总量的比重来表示受援国的能源结构（ES）。其中，传统化石能源主要包括煤、石油和天然气产品，而能源消费总量指的是包括传统化石能源、清洁能源等在内的所有能源的消费量。

在能源效率的指标选择方面，现有研究主要可分为两类：一是选择单要素指标来衡量能源效率，主要通过计算能源强度（Duro，2015）或能源生产率（史丹，2006；陈媛媛、李坤望，2010）来代表单要素能源效率；二是选择全要素指标来衡量能源效率，主要通过相关 DEA 模型测算目标能源投入与实际能源投入的比值来表示全要素能源效率（Hu and Wang，2006；Chang and Hu，2010；陈关聚，2014；张立国等，2015；Apergis et al.，2015）。进一步对比上述两类指标，全要素能源效率一定程度上可克服单要素能源效率的片面性。具体而言，能源利用是多个要素综合作用的过程，在经济生产活动中，除能源投入外，还需要其他诸如劳动力、资本等要素的投入才能创造价值。基于此，全要素能源效率充分考虑了投入要素之间的配合与替代，是对单要素能源效率的理论改进（李双杰、李春琦，2018），且具有更强的政策含义。因此，本章借鉴李双杰、李春琦（2018）的做法，基于托恩（Tone，2004）提出的考虑非期望产出的 SBM – DEA 模型，将劳动、资本和能源作为投入要素，国内生产总值和 CO_2 排放分别作为"正"向、"负"向（非期望）产生，使用最优能源投入量与实际能源投入量的比值衡量全要素能源效率（$TFEE$），进而从全要素生产率视角反映出受援国的能源效率水平。具体地，本章按照林伯强、杜克锐（2013）的处理方式，在可变规模报酬（VRS）和不变规模报酬（CRS）的不同假设前提下，分别计算得到了基于 VRS 的全要素能源效率 $TFEE_V$ 和基于 CRS 的全要素能源效率 $TFEE_C$[①]。

[①] 全要素能源效率的测算通过 MaxDEA 8.3.5 软件实现。基于 CRS 的全要素能源效率在本章第四节的稳健性检验中使用。

（二）数据说明

与第五章相同，本章气候援助的数据仍来源于 AidData 数据库与 OECD – DAC CRS 数据库。能源结构数据来源于 WDI 数据库，全要素能源效率测算所需的劳动力人口、资本形成总额、国内生产总值以及一次能源消费量等数据来源于 WDI 数据库和世界能源数据库[①]。需要特别说明的是，由于与计算中介变量有关的能源消费数据的缺失，导致无法再次获取77 个受援国完整的能源数据，故本章将能源消费数据缺失的国家进行剔除，最终得到了1980～2014 年52 个受援国的数据作为研究样本进行相关分析。各变量的描述性统计如表 6 – 1[②] 所示。

表 6 – 1　　　　　　　　　　　各变量的描述性统计

变量	具体含义	单位	观测值	平均值	方差	最小值	最大值
$lnco2gdp$	单位 GDP 碳排放	克/美元	550	6.607	0.721	4.827	9.177
$lnco2p$	人均碳排放	千克/人	550	7.040	1.123	3.452	9.242
$lnaid$	气候援助	美元	550	15.861	2.361	8.348	21.890
lny	人均收入	美元	550	7.348	1.050	4.692	9.730
ES	传统化石能源消费占比	%	550	57.562	27.929	3.290	99.947
$TFEE_V$	全要素能源效率（VRS）	%	550	91.564	11.941	38.692	100.000
$TFEE_C$	全要素能源效率（CRS）	%	550	82.969	19.022	11.564	100.000
$trade$	贸易开放度	%	550	51.040	27.633	8.406	187.765
$urban$	城镇化水平	%	550	50.697	20.482	6.361	94.894
$lnkl$	资本劳动比	美元/人	550	6.786	1.135	3.105	9.357

---

① 世界能源数据库来自 EPS 数据平台，网址为：http://olap.epsnet.com.cn/。

② 需要说明的是，气候援助数据存在部分缺失值，导致其样本观测值为550，而其余变量的样本观测值为624。基于此，本章将其余变量与气候援助数据观测值均统一为550，这也与后续的回归分析相一致。

第三节　实证结果分析

一、能源结构的中介效应检验

本章根据 F 检验和 Hausman 检验结果，使用固定效应模型对未加入中介变量的式（6-1）进行回归估计，即完成中介效应检验的步骤一。具体估计结果如表6-2 中的列（1）和列（2）所示，列（1）为以碳排放强度为被解释变量的估计结果，列（2）为以人均碳排放为被解释变量的估计结果。

表 6-2　　　　　　能源结构的中介效应检验结果

变量	步骤一：碳排放水平		步骤二：能源结构	步骤三：碳排放水平	
	（1）	（2）	（3）	（4）	（5）
	lnco2gdp	lnco2p	ES	lnco2gdp	lnco2p
lnaid	-0.017 ** (-2.34)	-0.017 ** (-2.46)	-0.148 * (-1.93)	-0.014 ** (-2.06)	-0.014 ** (-2.16)
lny	0.436 *** (2.91)	1.410 *** (9.60)	24.876 *** (9.76)	-0.062 (-0.57)	0.916 *** (8.72)
(lny)²	-0.066 *** (-10.94)	-0.065 *** (-12.02)	-1.370 *** (-10.43)	-0.039 *** (-8.97)	-0.038 *** (-10.09)
trade	0.007 *** (7.88)	0.007 *** (7.68)	0.138 *** (9.53)	0.004 *** (6.76)	0.004 *** (6.72)
urban	0.001 (0.60)	0.001 (0.72)	-0.146 *** (-3.49)	0.004 (1.67)	0.004 * (1.76)
lnkl	0.077 * (1.76)	0.088 * (1.93)	2.531 ** (2.01)	0.027 (0.55)	0.037 (0.75)
ES				0.020 *** (14.00)	0.020 *** (12.56)

变量	步骤一：碳排放水平		步骤二：能源结构	步骤三：碳排放水平	
	(1)	(2)	(3)	(4)	(5)
	lnco2gdp	lnco2p	ES	lnco2gdp	lnco2p
常数项	6.533 *** (12.71)	-0.330 (-0.67)	-66.491 *** (-5.94)	7.864 *** (20.81)	0.990 *** (2.82)
国家固定效应	控制	控制	控制	控制	控制
时间固定效应	控制	控制	控制	控制	控制
观测值	550	550	550	550	550
国家数	52	52	52	52	52

注：（1）括号内数字为相应 t 值，均按稳健标准误计算（Driscoll and Kraay，1998）；（2）*** 、** 和 * 分别表示在1%、5% 和10% 水平下显著。

通过表6-2可以发现，气候援助对受援国碳排放产生了显著的负向作用。具体而言，变量 lnaid 对受援国的碳排放强度及人均碳排放的系数估计值均在5% 水平上显著为负，即气候援助对受援国发挥出了显著的碳减排效应。该结果与第五章第二节的估计结果保持一致。可见，即使本章所考察的研究样本有所调整，但并未改变本章的主要结论，一定程度上反映出所得估计结果具有较好的稳健性。值得说明的是，在不加入中介变量的情况下，变量 lnaid 系数（c）估计值均为 -0.017，该系数值反映的是气候援助对受援国碳排放所产生的总减排效应。

对于其他控制变量，无论被解释变量为碳排放强度还是人均碳排放，变量 lny 的一次项和二次项系数均分别显著为正和负，表明所考察52 个受援国的人均收入与碳排放水平之间仍存在"倒 U 型"的库兹涅茨关系，即本章再次验证了 EKC 假说成立，控制变量 trade、urban 以及 lnkl 对受援国碳排放水平的影响也与第五章基本一致，故不再进行具体的阐述。

上述估计结果得到的是气候援助对受援国碳排放水平所产生的总减排效应。气候援助对受援国产生的直接减排效应以及通过能源结构产生的间接减排效应，可通过运用固定效应模型对式（6-2）和式（6-4）进行回归估计加以得到，具体估计结果仍见表6-2。其中，列（3）为式（6-2）的估计结果（步骤二），列（4）和列（5）分别为以碳排放强度及人均碳排放为被解释变量的式（6-4）的估计结果（步骤三）。

一方面，通过表6-2中列（3）可以发现，气候援助对能源结构产生了显著的负向影响，具体表现为 lnaid 对 ES 的系数估计值在 10% 水平上显著为负，该结论反映出随着气候援助的增加，受援国传统化石能源消费占比能够显著地降低，即气候援助可促进受援国能源结构优化；另一方面，通过表 6-2 中列（4）和列（5）可以发现，能源结构对受援国碳排放产生了显著的正向影响，具体表现为变量 ES 对受援国碳排放强度和人均碳排放的系数估计值均在 1% 水平上显著为正，反映出传统化石能源消费占比的提升会显著地提升受援国的碳排放。综合上述两方面的估计结果，可以认为气候援助可通过优化能源结构，进而有助于促进受援国实现碳减排，即假设 H2 得证。

进一步地，本章通过分析相关回归系数的关系来更加准确地判断能源结构是否发挥出了中介效应。首先，如前文所述，表 6-2 中列（1）及列（2）所显示的变量 lnaid 的系数（c）估计值均为 -0.017，该系数值反映的是气候援助对受援国碳排放所产生的总减排效应。其次，加入中介变量后，表 6-2 中列（4）及列（5）显示变量 lnaid 的系数（c'）估计值均为 -0.014，且均在 5% 水平上显著，意味着直接效应显著，即假设 H1 得证。再次，气候援助总减排效应的绝对值大于直接效应的绝对值，即 $|c'| < |c|$，表明总减排效应被分解为直接减排效应和间接减排效应两方面。其中，$c' = -0.014$ 代表直接减排效应的大小，$ab = -0.003$ 代表间接减排效应的大小。然后，可以发现 c' 的符号与 ab 同号，根据叶宝娟、胡竹菁（2016）所提新的中介效应检验流程，可判断能源结构在气候援助的碳减排效应中发挥出了部分中介效应。最后，在以碳排放强度和人均碳排放作为被解释变量的两种情形下，通过求解 $\dfrac{ab}{c}$ 的比值可得中介效应占总效应的比重分别为 17.62% 和 17.73%[①]。

综上可知，气候援助不仅对受援国碳排放水平具有显著的直接减排效应，其还可通过优化受援国能源结构来发挥显著的间接减排效应。具体而言，当受援国引入气候援助后，气候援助项目的实施可直接降低受援国碳排放；同时，气候援助还可通过降低传统化石能源消费占比使得受援国能源结构得以优化，进而间接降低受援国碳排放，即假设 H1 和假设 H2 得证。

正如理论假设部分所述，多数学者普遍认同能源结构的优化可减缓一国碳排放，这在中介效应检验的步骤三中也得到了证实。本章认为，能源结构

---

① 此比例按保留四位小数的结果计算，故两者存在一定区别。

能发挥出中介效应的关键在于，气候援助对受援国能源结构产生了显著的有利影响。气候援助的增加可促进受援国能源结构优化的主要原因在于：清洁能源替代战略普遍受到各发展中国家的重视，相关清洁能源投资在上述国家还处于初期的快速增长阶段，这促使发展中国家具有较大的能源结构优化空间。具体而言，一方面，发展中国家清洁能源投资的快速增长促使清洁能源投资政策、市场条件等方面逐渐完善，这为气候援助推动相关清洁能源项目的规模化发展提供了一定的政策和市场基础；另一方面，气候援助具有一定的催化作用（Buntaine and Pizer, 2015），可带动私人部门更大程度地扩张清洁能源投资，从而形成气候援助与私人部门投资的协同效应。上述两方面均能显著促进清洁能源替代传统化石能源，最终表现为随着气候援助的增加，受援国传统化石能源消费占比逐渐下降，能源结构得以优化。

进一步以非 OECD 国家的清洁能源投资来佐证发展中国家的清洁能源发展情况。根据 Climatescope 于 2019 年发布的清洁能源投资数据可以发现，非 OECD 国家的风能、太阳能及其他清洁能源①投资总体上呈现较快的增长趋势，具体如图 6 - 2 所示。这些国家的清洁能源投资从 2009 年的 1194.79

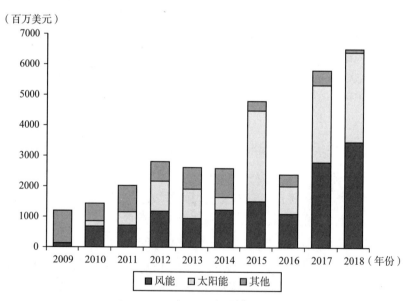

（百万美元）

图 6 - 2　2009 ~ 2018 年非 OECD 国家的清洁能源投资情况

注：数据来源于 http：//global - climatescope. org/clean - energy - investments。

———————————

① 其他清洁能源包括小水电、地热能、生物质和废料、生物燃料四类。

百万美元上升至 2018 年的 6516. 18 百万美元，上升幅度达 445. 38%。由此可见，清洁能源已成为发展中国家能源增量的重要组成部分，体现出通过推动清洁能源替代传统化石能源这一减排路径，正在发挥着越来越大的作用。对此，IEA（2015）也曾指出为落实 NDCs，几乎每个国家都会将减排作为本国的重要战略目标，并预计至 2040 年清洁能源将达到世界能源总量的 50% 以上。

二、能源效率的中介效应检验

与能源结构的中介效应检验步骤一致，同样利用固定效应模型分别对式（6-3）和式（6-5）进行回归估计，以检验能源效率（TFEE）是否也在气候援助发挥碳减排效应的过程中产生了显著的中介作用，具体估计结果如表 6-3 所示。其中，列（1）为式（6-3）的估计结果，列（2）和列（3）分别为以碳排放强度和人均碳排放为被解释变量的式（6-5）的估计结果。

首先，通过列（1）可以发现，气候援助并未对受援国能源效率产生显著影响。具体表现为，变量 lnaid 对受援国能源效率的系数估计值并不显著。其次，通过列（2）和列（3）可以发现，能源效率对受援国碳排放产生了显著的减排效应。具体表现为，变量 $TFEE_v$ 对受援国碳排放强度和人均碳排放的系数估计值均在 1% 水平上显著为负，反映出随着受援国能源效率的提升，受援国的碳排放水平能够显著地降低，这与前文的理论分析相符。最后，上述两方面回归结果显示变量 lnaid 的系数（a'）和变量 $TFEE_v$ 的系数（b'）估计值至少有一个不显著，此时需运用 Bootstrap 法检验 $a'b'$ 是否显著，以验证中介效应是否存在[1]。具体检验结果为：当以碳排放强度为被解释变量时，所得 95% 的置信区间为 [-0.002819, 0.000713]，该区间包含 0 值；当以人均碳排放为被解释变量时，所得 95% 的置信区间为 [-0.002828, 0.00075]，该区间也包含 0 值[2]。上述检验结果表明能源效率的中介效应并不显著，即假设 H3 未得到经验验证。

---

[1] 值得说明的是，Sobel 法和 Bootstrap 法是检验中介效应是否显著的常用方法，而 Bootstrap 法为公认的可以取代 Sobel 法来直接检验系数乘积的方法，且其检验力高于 Sobel 检验（叶宝娟、胡竹菁，2016）。因此，本章利用 Bootstrap 法检验中介效应的存在性。

[2] 上述 95% 置信区间均为偏差校正后的置信区间，且 Bootstrap 次数为 300 次。

表 6 – 3   能源效率的中介效应检验结果

变量	步骤二：能源效率（VRS）	步骤三：碳排放水平	
	(1)	(2)	(3)
	$TFEEv$	lnco2gdp	lnco2p
lnaid	-0.093 (-0.43)	-0.017 ** (-2.48)	-0.017 ** (-2.62)
lny	23.993 *** (3.44)	0.509 *** (2.98)	1.487 *** (8.80)
$(lny)^2$	-0.609 (-1.50)	-0.068 *** (-9.98)	-0.067 *** (-10.79)
trade	-0.082 ** (-2.45)	0.006 *** (7.85)	0.006 *** (7.68)
urban	0.100 *** (2.80)	0.001 (0.83)	0.002 (0.96)
lnkl	-13.400 *** (-4.62)	0.036 (0.70)	0.045 (0.82)
$TFEEv$		-0.003 *** (-3.08)	-0.003 *** (-3.06)
常数项	52.294 ** (2.14)	6.692 *** (12.72)	-0.163 (-0.32)
国家固定效应	控制	控制	控制
时间固定效应	控制	控制	控制
观测值	550	550	550
国家数	52	52	52

注：(1) 括号内数字为相应 t 值，均按稳健标准误计算（Driscoll and Kraay, 1998）；(2) ***、** 和 * 分别表示在 1%、5% 和 10% 水平下显著。

能源效率没有发挥出潜在中介效应的关键在于，气候援助未对受援国能源效率产生显著的影响。对此，本章认为可从以下两方面予以解释：

一方面，受援国的能源消费情况决定了国内更加倾向于通过其他方式来实现碳减排。受援国主要为发展中国家，其还处于加快工业化进程的阶段，对煤、石油等传统化石能源的需求仍较大，进而导致传统化石能源消费在中长期中仍占据主导地位。在该背景下，受援国会更加倾向于通过调整产业结构、压缩市场需求等低成本、成效好的手段来进行碳减排。此外，根据欧阳等（Ouyang et al.，2010）分析能源效率与中国碳排放关系时所得结论，中国在通过提升能源效率来降低本国碳排放方面收效甚微。原因在于，随着经济的快速发展，居民消费者或更加倾向于选择高耗能的生活方式，从而大大抵消了能源效率提升的积极影响。

另一方面，受援国的灰色技术水平一定程度上决定了国内提升能源效率的潜力相对较小。技术创新是提升能源效率的关键所在（Noailly，2012；吴传清、杜宇，2018；Pan et al.，2019）。受援国灰色技术相对较为落后，总体上较难呈现出重大节能减排的技术进步态势。例如，可燃冰等系统集成技术、大容量储能技术等均未实现重大突破，通过技术革新来显著提升能源效率较难实现。对此，相关学者也指出在未来较长一段时期内，技术进步能够对提升能源效率发挥重要作用，但难以产生革命性影响（赵建安等，2017）。以上分析反映出，受援国提升能源效率的空间相对较小，进而也促使气候援助并未对受援国能源效率产生显著影响。

此外，表6-3中列（2）和列（3）显示变量 lnaid 的系数估计值仍显著为负，与能源结构中介效应检验步骤三的估计结果相一致，再次验证了直接减排效应的存在性，即假设 H1 又一次得证。进一步，加入中介变量 $TFEE_v$ 后，控制变量 lny、$(lny)^2$、trade 和 urban 的系数符号及其显著性均分别与前文的估计结果相一致，进而再次反映出所得结论的稳健性。接下来，本章还将通过替换中介变量衡量方式的方法，对中介效应进行稳健性检验。

第四节 中介效应的稳健性检验

根据本章第三节的中介效应检验结果可得，能源结构在气候援助发挥碳减排效应过程中发挥出了显著的中介作用，即验证了研究假设 H2；然而，能源效率在气候援助发挥碳减排效应过程中的中介作用并不存在，故无法验证研究假设 H3。基于此，本章进一步对上述两个中介效应检验结果进行稳健性检验。

对于能源结构的中介效应，本章通过变换能源结构的衡量方式来进行稳健性检验。一般而言，能源结构主要是通过某一类能源消费量在总能源消费中的占比来表示，该比例可以通过传统化石能源消费占比、清洁能源消费占比等加以反映。由于传统化石能源消费占比和清洁能源消费占比存在高度的共线性问题，所以使用清洁能源消费占比进行稳健性检验的意义并不大。基于上述考虑，本章选择使用传统化石能源的消费量（*energy*）近似地反映能源结构水平，并再次进行能源结构的中介效应检验[①]。根据表 6－4 所示的稳健性检验结果（步骤一的结果见表 6－2），可以得到能源结构的中介效应依然显著。具体而言，在列（1）中，变量 ln*aid* 的系数估计值不显著为负，列（2）和列（3）中变量 ln*energy* 的系数估计值均显著为正，故需使用 Bootstrap 法进一步检验中介效应的显著性。Bootstrap 法的检验结果显示：当以碳排放强度为被解释变量时，所得 95% 的置信区间为 ［－0.014597，－0.002354］，该区间不包含 0 值；当以人均碳排放为被解释变量时，所得 95% 的置信区间为 ［－0.014493，－0.002355］，该区间也不包含 0 值[②]。

表 6－4　　　　　　　　能源结构中介效应的稳健性检验

变量	步骤二：能源结构	步骤三：碳排放水平	
	（1）	（2）	（3）
	ln*energy*	ln*co2gdp*	ln*co2p*
ln*aid*	－0.006 （－1.10）	－0.012 * （－1.73）	－0.012 * （－1.69）
ln*y*	1.229 *** （7.77）	－0.394 *** （－5.22）	0.584 *** （9.79）
(ln*y*)²	－0.075 *** （－9.92）	－0.015 *** （－3.35）	－0.015 *** （－3.79）

---

① 相对于清洁能源，传统化石能源的绝对和相对消费水平均较高，这在表 6－1 中变量 *ES* 的均值为 57.562% 中可以得到一定体现。所以，传统化石能源绝对消费量的上升，可以认为其在能源消费总量中的占比也会存在上升趋势，故本章的处理方法具有一定合理性。由于本章的能源消费数据主要来自世界能源数据库，其提供的一次能源消费量包括煤炭、石油、天然气、核能（可再生资源）等，故无法直接使用一次能源消费量衡量传统化石能源消费量；加之，煤炭和天然气均存在一定的国家数据缺失问题，最终选择以石油消费量代替化石能源消费量。

② 上述 95% 置信区间仍为偏差校正后的置信区间，且 Bootstrap 次数为 300 次。

续表

变量	步骤二：能源结构	步骤三：碳排放水平	
	(1)	(2)	(3)
	lnenergy	lnco2gdp	lnco2p
trade	0.005 *** (6.30)	0.003 *** (5.78)	0.003 *** (5.76)
urban	0.013 *** (14.37)	-0.008 *** (-3.62)	-0.008 *** (-3.25)
lnkl	0.173 *** (3.52)	-0.040 (-0.97)	-0.029 (-0.69)
lnenergy		0.675 *** (26.05)	0.672 *** (23.39)
常数项	-1.796 *** (-3.20)	7.746 *** (26.80)	0.878 *** (3.37)
国家固定效应	控制	控制	控制
时间固定效应	控制	控制	控制
观测值	550	550	550
国家数	52	52	52

注：（1）括号内数字为相应 t 值，均按稳健标准误计算（Driscoll and Kraay, 1998）；（2）*** 、** 和 * 分别表示在 1%、5% 和 10% 水平下显著。

　　进一步结合相关系数估计值的符号可以判断，变量 lnenergy 存在显著的中介效应，即再次验证能源结构在气候援助发挥碳减排效应过程中发挥出了显著的中介作用（假设 H2 得证）。根据本章计算，以碳排放强度和人均碳排放为被解释变量时，中介效应占总效应的比重分别为 25.55% 和 25.81%，与前面所得比重相近。综上，可以认为本章所得能源结构发挥显著中介效应的结论较为稳健。

　　对于能源效率的中介效应，本章使用变量 $TFEE_c$ 替换变量 $TFEE_v$ 的方式进行稳健性检验。根据表 6 - 5 所示的稳健性检验结果（步骤一的结果见表 6 - 2），可以得到能源效率的中介作用依然不存在。

表 6 – 5   能源效率中介效应的稳健性检验

变量	步骤二：能源效率（CRS）	步骤三：碳排放水平	
	（1）	（2）	（3）
	TFEEC	lnco2gdp	lnco2p
ln*aid*	− 0. 252 （ − 1. 04）	− 0. 019 ** （ − 2. 54）	− 0. 018 ** （ − 2. 59）
ln*y*	65. 267 *** （8. 37）	0. 904 *** （5. 19）	1. 889 *** （10. 78）
(ln*y*)²	− 1. 920 *** （ − 3. 81）	− 0. 080 *** （ − 10. 78）	− 0. 079 *** （ − 11. 42）
trade	− 0. 180 *** （ − 6. 11）	0. 005 *** （8. 17）	0. 005 *** （8. 14）
urban	0. 149 *** （3. 18）	0. 002 （1. 23）	0. 002 （1. 32）
ln*kl*	− 31. 592 *** （ − 9. 81）	− 0. 149 *** （ − 3. 51）	− 0. 144 *** （ − 3. 04）
$TFEE_C$		− 0. 007 *** （ − 6. 61）	− 0. 007 *** （ − 6. 42）
常数项	− 72. 103 ** （ − 2. 49）	6. 017 *** （10. 89）	− 0. 859 （ − 1. 61）
国家固定效应	控制	控制	控制
时间固定效应	控制	控制	控制
观测值	550	550	550
国家数	52	52	52

注：（1）括号内数字为相应 t 值，均按稳健标准误计算（Driscoll and Kraay, 1998）；（2）***、** 和 * 分别表示在 1%、5% 和 10% 水平下显著。

具体而言，在列（1）中，变量 ln*aid* 的系数估计值不显著为负，列（2）和列（3）中变量 $TFEE_c$ 的系数估计值均显著为负，故需使用 Bootstrap 法进一步检验间接效应的显著性。Bootstrap 法的检验结果显示：当以碳排放强度为被解释变量时，所得 95% 的置信区间为 ［ − 0. 004399,

0.003109]，该区间包含 0 值；当以人均碳排放为被解释变量时，所得 95% 的置信区间为 [-0.004605，0.003121]，该区间也包含 0 值。可以判断，中介效应并不显著，这表明能源效率未发挥中介作用的结论也较为稳健。

此外，在能源结构和能源效率中介效应的稳健性检验结果中，步骤三的回归结果均显示变量 lnaid 的系数估计值显著为负，再次表明直接减排效应的存在性。

本 章 小 结

首先，本章在理论层面提出气候援助对受援国碳排放具有直接减排效应和间接减排效应的双重减排机制。其次，基于 AidData 数据库、OECD - DAC CRS 数据库、WDI 数据库以及世界能源数据库等提供的 1980 ~ 2014 年 52 个受援国的国家面板数据，利用中介效应模型实证检验气候援助的直接减排效应以及其通过影响能源结构或能源效率所产生的间接减排效应。最后，对所得的中介效应结论进行稳健性检验。本章得到的主要结论如下：

第一，在理论分析层面，气候援助对受援国碳排放存在直接减排效应和间接减排效应的双重减排机制。在直接减排效应方面，气候援助可通过微观项目的减排监测和增加受援国减排资源等途径，直接降低受援国的碳排放水平。在间接减排效应方面，气候援助可通过清洁技术、灰色技术的推广及应用来分别优化能源结构和提升能源效率，进而间接地降低受援国的碳排放水平，即能源结构和能源效率或在气候援助发挥碳减排效应的过程中发挥出了中介作用。

第二，气候援助对受援国碳排放存在显著的直接减排效应。在不同的中介效应检验过程中，气候援助变量的系数估计值始终保持显著为负的结果，表明气候援助的直接减排效应存在且显著，而且所得结论较为稳健。从能源结构中介效应的检验结果来看，气候援助的直接减排效应在总效应中的占比相对较大，一定程度上反映出气候援助在短时期内发挥的直接减排效应起到了主要作用。不难想象，在利用气候援助推动受援国实现碳减排以应对气候变化的进程中，气候援助直接提供的减排资源对受援国实现碳减排目标的作用是积极且"立竿见影"的，这与间接地通过优化能源结构或提升能源效率的漫长作用截然不同。本章认为，前者类似于"授人以鱼"，而后者更像是"授人以渔"①。

第三，在间接减排效应方面，能源结构在气候援助发挥碳减排效应过程中发挥出了显著的中介作用。在能源结构优化有助于降低受援国碳排放的前提下，能源结构能够发挥显著中介效应的关键在于，气候援助对传统化石能源占比的影响显著为负，即气候援助对能源结构的优化产生了显著的正向作用。而且，上述结论在稳健性检验中得到了再次验证。本章认为，能源结构能够发挥中介作用的原因与发展中国家清洁能源投资的快速增长等因素紧密相关。

第四，与能源结构不同，能源效率在气候援助发挥碳减排效应的过程中并不存在中介作用。虽然能源效率的提升有助于降低受援国的碳排放水平，但气候援助对受援国全要素能源效率的影响作用并不显著，进而导致能源效率无法发挥出显著的中介效应。关于能源效率不存在中介作用的结论，在替换不同全要素能源效率衡量指标的稳健性检验中得到了再次验证。本章认为，气候援助未对受援国能源效率产生显著影响的原因与受援国能源消费情况、技术水平等有关。

总之，直接减排效应和能源结构中介作用的存在性，能够从实证分析层面为本章提出的双重减排机制提供经验证据，这也反映出该影响机制具有一定的合理性和理论价值，且相关结论能为后续的政策启示提供重要的现实依据。

---

① 在《应对气候变化国家研究进展报告 2019》介绍中国气候变化南南合作所处阶段时，提出从"授人以鱼"向"授人以渔"阶段转变的观点，认为"授人以鱼"的阶段本质上以政治目标为主、赠送商品为手段，而"授人以渔"阶段则主要以中国先进科学和技术推广为主。

第七章

对华气候援助的碳排放效应分析：
以 GEF 为例

第五章和第六章已分别对气候援助的碳减排效应及其内在机制进行了详细讨论。然而，上述研究仍存在一定局限，主要体现在两个方面：其一，所考察的气候援助均为双边气候援助，对多边气候援助及其碳排放效应并未涉及；其二，本书实证分析部分考察的是气候援助对受援国碳排放的整体影响，并未涉及具体针对某国气候援助项目的碳减排效应分析。

基于上述局限，考虑到中国作为第一大碳排放国的特殊地位，本章以全球环境基金（GEF）对华援助为例，来考察相关多边援助项目的碳排放效应，以使本书分析内容更为全面和所得结论更具一般性。具体而言，在对中国参与全球气候治理概况进行简要分析的基础上，本章着重分析对华双边气候援助、对华多边气候援助（以 GEF 为例）的发展现状，并进一步对 32 个已顺利完成的 GEF 援助项目的碳排放效应进行分析，最后以三个典型的 GEF 援助项目为例展开案例分析来进一步讨论相关碳排放效应问题。

第一节　中国参与全球气候治理的概况

改革开放以来，中国经济呈现出高速增长的发展态势，已于 2010 年超过日本成为世界第二大经济体；同时，中国在对外贸易发展上也取得了举世瞩目的成就，到 2018 年已连续十年成为第一大货物出口国和第二大进口国。然而，也需注意到，在中国经济与对外贸易取得高速发展的同时，碳排放水平也呈现出明显的增长态势。根据 IEA 统计，中国在 2006

年的 CO_2 排放量为 6004 兆吨（Mt），首次超过美国成为世界第一大碳排放国，至今仍位列世界首位。如图 7 – 1 所示，在 1990 ~ 2017 年间，中国 CO_2 排放量总体上呈明显的上升趋势，其从 1990 年的 2122Mt 上升至 2017 年的 9302Mt，增长近 3.4 倍，远高于世界 CO_2 排放量的上涨幅度 60.03%；其中，1990 ~ 2000 年中国 CO_2 排放量的上涨幅度较小，而 2001 ~ 2013 年呈快速上升趋势，到 2014 年后略有小幅下降。从占比来看，中国 CO_2 排放量占世界比重已从 1990 年的 10.34% 上升至 2017 年的 28.33%，且与 CO_2 排放绝对量的变化趋势相一致。此外，1990 ~ 2017 年中国 CO_2 排放增长量达 7180 兆吨，占同期世界增长量的比重为 58.28%，这反映出中国贡献了世界主要的 CO_2 排放增长量。

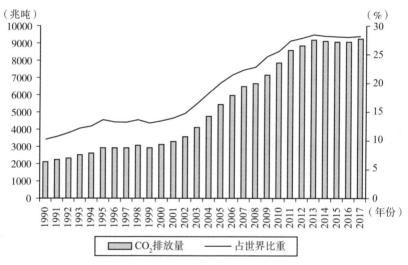

图 7 – 1　1990 ~ 2017 年中国 CO_2 排放总量及其占世界比重

注：数据来源于 IEA。

　　作为世界主要的碳排放国家，中国长期致力于参与全球气候治理，并在其中发挥着不可替代的重要作用。具体而言，中国在 1992 年就已批准参加《公约》，还于 2002 年核准《京都议定书》，又于 2016 年正式加入《巴黎协定》，中国在全球气候治理的进程中从未缺席。可以认为，中国始终积极参与到了《公约》框架下的气候谈判进程，包括正在与各方一道积极推进《巴黎协定》实施细则的谈判磋商；同时，中国也积极参加《蒙特利尔议定书》缔约方会议等《公约》框架外的相关气候谈判。

中国积极参与全球气候治理还体现在其所承诺的碳减排目标这一方面。早在 2009 年的哥本哈根气候大会上，中国就已向国际社会宣布了具体的碳减排目标，即到 2020 年单位国内生产总值的 CO_2 排放比 2005 年下降 40% ~45%。进一步，中国在向《公约》秘书处提交的国家自主贡献文件中明确了碳减排的自主行动目标，即到 2030 年单位国内生产总值的 CO_2 排放比 2005 年下降 60% ~65%，且 2030 年左右 CO_2 排放达到峰值并争取尽早达峰。值得一提的是，上述提出的具体碳减排目标并非"空头支票"，中国正在积极履行提出的相关减排目标，且已取得了关键性成效。例如，中国 2018 年单位国内生产总值的 CO_2 排放比 2005 年累计下降了 45.8%，提前三年实现了 2009 年承诺的碳减排目标[①]。

第二节　对华气候援助的发展现状

一、对华双边气候援助的发展现状

中国实现碳减排目标不仅取决于国内开展的各种应对气候变化行动，也与获得的气候援助密切相关。作为第一大碳排放国，中国得到了全球双边气候援助的高度关注。根据表 7 - 1 所示，无论从援助金额和援助项目数来看，中国在 1980 ~2014 年接受的双边气候援助均呈现出明显的上升趋势，从 1980 ~1985 年的 306.36 百万美元和 14 个项目上升至 2011 ~2014 年的 953.77 百万美元和 640 个项目。与之类似，全球双边气候援助规模也呈现出明显的上升趋势，从 1980 ~1985 年的 4958.04 百万美元和 847 个项目上升至 2011 ~2014 年的 63614.19 百万美元和 18016 个项目。

表 7 - 1　　　　　1980 ~2014 年全球（对华）双边气候援助情况

阶段	对华双边气候援助		全球双边气候援助	
	金额（百万美元）	项目数（个）	金额（百万美元）	项目数（个）
1980 ~1985 年	306.36	14	4958.04	847
1986 ~1990 年	360.00	26	3917.90	869

---

① 资料来源于《中国应对气候变化的政策与行动 2019 年度报告》。

续表

阶段	对华双边气候援助		全球双边气候援助	
	金额（百万美元）	项目数（个）	金额（百万美元）	项目数（个）
1991～1995 年	1305.01	62	6821.20	1613
1996～2000 年	934.35	178	7641.07	3435
2001～2005 年	2425.94	305	17800.88	6334
2006～2010 年	2800.93	445	50090.48	12609
2011～2014 年	953.77	640	63614.19	18016

注：相关数据库的项目搜集情况可详见第三章第一节中关于"数据来源"的说明。
资料来源：根据 OECD－DAC CRS 数据库和 AidData 数据库所提供的项目数据整理而得。

此外，对华双边气候援助的变化趋势还呈现出三个方面特征：第一，与全球气候援助金额逐阶段递增不同，中国在 1980～2014 年接受的气候援助呈现出了一定波动性。具体而言，其在 2011～2014 年呈现出明显的下降趋势，这反映出中国在近年来接受的气候援助有所下降。第二，对华气候援助占全球气候援助的比重有所下降，从 1980～1985 年的 6.18% 下降至 2011～2014 年的 1.50%，其中经历了 1991～1995 年 19.13% 的历史高点。第三，从每个项目的平均援助金额来看，对华援助水平相对较高，但呈现出明显的下降趋势。1980～1985 年，对华单个援助项目的平均额为 21.88 百万美元，而到 2011～2014 年仅为 1.49 百万美元；与之相比，全球范围内单个援助项目的平均额变化相对平稳，从 1980～1985 年的 5.85 百万美元小幅下降至 2011～2014 年的 3.53 百万美元。

本章认为，对华双边气候援助变化趋势所呈现出的上述三方面特征，体现出中国逐渐从气候援助的受援国向援助国角色转变。的确，目前中国正在积极推动应对气候变化南南合作，截至 2019 年 9 月，中国已在南南气候合作框架下签署了 30 多份合作谅解备忘录，向埃塞俄比亚、几内亚等非洲发展中国家赠送减缓和适应气候变化物资①。可以认为，中国正在试图通过汲取国际气候援助中的援助经验，来更好地进行相关对外气候援助。

———————

① 资料来源于《中国应对气候变化的政策与行动 2019 年度报告》。

二、对华多边气候援助的发展现状

如第三章所述，现阶段气候援助的来源逐渐多元化，除《公约》框架下的双边援助外，还包括 GEF、AF、GCF 等多边机构实施的多边援助。此外，GEF 还管理着 LDCF 和 SCCF 两个多边援助机构开展的援助活动。在现有的多边援助机构中，GEF 作为目前政府间环境保护方面最重要的多边合作机构之一，其不仅是《公约》框架下资金机制的运营实体，同时也是相关多边气候援助项目实施的核心枢纽。基于此，本章将以 GEF 为典型代表，分析对华多边气候援助的发展现状。

GEF 作为《公约》《生物多样性公约》《关于持久性有机污染物的斯德哥尔摩公约》《联合国防治荒漠化公约》《关于汞的水俣公约》指定的援助资金渠道，是一个由 180 多个国家和地区组成的国际合作机构，故 GEF 属于一个多边环境公约资金机制，其所提供的对外援助性质则属于多边援助范畴。GEF 自 1991 年成立以来，已为 165 个发展中国家的 3690 个项目提供了 125 亿美元的赠款，并同时撬动了 580 亿美元的联合融资①。GEF 重点关注气候变化、生物多样性、土地退化等领域，主要通过提供赠款以提升发展中国家应对全球气候与环境问题等方面的能力。值得说明的是，GEF 的援助对象包括创始成员国之一的中国，其为提升中国履行气候公约能力做出了积极贡献（陈兰等，2018）。基于此，本章将从项目数量和资金情况两个方面，就 GEF 对华气候援助的总体概况进行具体分析。

（一）援助项目数量

如表 7-2 所示，截至 2020 年 2 月，GEF 单独对华援助的项目总数为 171 个，其中涉及气候变化领域的援助项目为 71 个。在气候援助项目中，处于"完成"（completed）、"项目批准"（project approved）、"概念批准"（concept approved）、"取消"（cancelled）阶段的项目分别为 29 个、37 个、4 个和 1 个，表明 GEF 对华气候援助仍主要处于实施阶段。此外，GEF 对包括中国等多个国家的气候援助项目数为 16 个，其中处于"完成""项目批准""概念批准"阶段的项目数分别为 3 个、7 个和 6 个，同样反映出大部分项目处于实施阶段。将上述两类项目进行加总可得，GEF 对华

①　资料来源于 GEF 中国官网，网址为 http://www.gefchina.org.cn/。

气候援助项目总数为 87 项，其中已顺利完成的气候援助项目为 32 项。

表 7 – 2   GEF 对华气候援助的项目数量情况

受援国	项目总数	气候变化领域	气候变化领域项目所处阶段			
			完成	项目批准	概念批准	取消
中国	171	71	29	37	4	1
中国及其他国家	46	16	3	7	6	0
总计	217	87	32	44	10	1

注：（1）根据 GEF 的 Project Database 提供的资料整理而得；（2）"中国及其他国家"指受援国不仅为中国，还包括其他国家。

（二）援助项目资金

除援助项目数量外，本章还进一步关注到了 86 个气候援助项目的资金情况，并将其按不同增资阶段进行划分整理。从表 7 – 3 可以看出，单独对华的气候援助在各个增资阶段均有所涉及，且援助总额高达 707.8 百万美元，高于对中国及其他国家的援助资金 623.6 百万美元。在总的气候援助资金中，不仅包括 GEF 直接提供的援助资金，还涵盖了其他途径的配套资金，而且配套资金总额明显更高。配套资金主要来源于项目实施或执行机构、当地政府部门，甚至私人部门和非政府组织（NGO）也会提供部分配套资金。所以，当 GEF 提供相对较少的气候援助资金时，其可撬动更高水平的配套资金，共同为中国进行气候治理活动提供资金支持。

表 7 – 3   GEF 对华气候援助项目（86 个）的资金情况   单位：百万美元

增资阶段	受援国	项目数	援助资金	配套资金	总计
试运行期	中国	3	22.0	0	22.0
	中国及其他国家	1	4.8	0	4.8
GEF – 1	中国	7	114.5	664.6	779.1
	中国及其他国家	—	—	—	—
GEF – 2	中国	10	125.2	1786.3	1911.5
	中国及其他国家	2	7.5	4.3	11.7

续表

增资阶段	受援国	项目数	援助资金	配套资金	总计
GEF - 3	中国	4	57.3	309.4	366.7
	中国及其他国家	—	—	—	—
GEF - 4	中国	18	148.6	2347.8	2496.4
	中国及其他国家	3	57.5	88.5	146.1
GEF - 5	中国	18	138.5	3784.3	3922.8
	中国及其他国家	5	76.0	269.5	345.6
GEF - 6	中国	8	91.1	1675.4	1766.5
	中国及其他国家	3	49.9	1700.0	1749.9
GEF - 7	中国	2	10.6	91.0	101.6
	中国及其他国家	2	427.9	4205.1	4633.1
小计	中国	70	707.8	10658.9	11366.7
	中国及其他国家	16	623.6	6267.5	6891.2
总计		86	1331.4	16926.4	18257.8

注：（1）根据 GEF 的 Project Database 提供的资料整理而得，数据截至 2020 年 2 月；（2）数据不包括"取消"的援助项目，"—"则表示相应阶段不存在援助项目；（3）GEF - 1 表示为第一次增资期，其他以此类推。

此外，从各个增资阶段的援助资金总额变化情况来看，GEF 单独对华气候援助规模总体上呈现出先上升后下降的变化趋势。具体而言，援助资金从 GEF - 1 的 114.5 百万美元逐阶段上升至 GEF - 4 的 148.6 百万美元，然后又逐渐下降至 GEF - 6 的 91.1 百万美元①。可以发现，GEF 对华气候援助呈现出的变化趋势与表 7 - 1 所示的双边气候援助变化趋势相一致，意味着中国可能在多边气候援助中的地位正在逐渐从受援国转向援助国。此外，中国不仅是 GEF 的受援国，同时也是该机制的捐资国，中国的捐资额已从试运行期的 5.48 百万美元逐渐增长至 GEF - 6 时的 20.07 百万美元（陈兰等，2018），这进一步反映出中国在 GEF 中的援助国身份正在逐渐得到认可，援助水平逐渐得到加强。

_____

① 值得说明的是，为准确考察各增资阶段援助资金总额的变化情况，本章未将 GEF - 7 增资期考虑在内。原因在于该增资期的时间跨度为 2018～2022 年，处于这一阶段的气候援助还在进行中。

第三节　GEF 对华援助项目的案例分析

一、完成项目的碳排放效应总况

由于相关机构较易评估气候援助项目完成后的减排情况，故本章进一步就 32 个顺利完成项目的碳排放效应展开分析[①]。如表 7-4 所示，除个别援助项目无法获取具体涉及的地区或减排效应外，多数对华气候援助的项目信息较为完整[②]。据此，本章将分别对上述项目的地区、行业分布特征以及减排效应进行逐一分析。

表 7-4　　GEF 对华 32 个气候援助项目（完成阶段）的具体情况

项目 ID	增资阶段	主要地区分布	主要行业分布	减排效应
75	试运行期	四川	电力、热力生产和供应业	示范期内累计实现 340 万吨 CO_2 减排量
379	试运行期	—	科技推广和应用服务业	—
384	试运行期	—	专业技术服务业	—
97	GEF-1	新疆、江西、河南、黑龙江等 9 省份	电力、热力生产和供应业	预计到 2019 年累计实现 1.8 亿吨 CO_2 减排量
98	GEF-1	辽宁、山东、北京	科技推广和应用服务业	1998～2006 年实现 7295 万吨 CO_2 减排量
261	GEF-1	广西、四川、山东、浙江	电力、热力生产和供应业（蔗渣、沼气发电）	项目初期评估每年可实现 10 亿吨碳减排量
263	GEF-1	陕西、四川、辽宁	石油、煤炭及其他燃料加工业；金属制品业；非金属矿物制造业	示范企业在 10 年项目周期内实现 33.2 万吨 CO_2 减排量

[①] 本节所使用的各项目数据均来源于 GEF 官网 Project Database 提供的各项目终期评估报告（Terminal Evaluation），网址为 https：//www.thegef.org/projects。

[②] 限于篇幅，32 个项目的项目名称和起止时间等其他信息见附录 E。

续表

项目 ID	增资阶段	主要地区分布	主要行业分布	减排效应
304	GEF - 1	安徽、辽宁和江苏	生态保护和环境治理业（甲烷回收）	项目初期评估每年可实现 1167 万吨碳减排量
446	GEF - 1	内蒙古、新疆、甘肃、青海等 7 省份	电力、热力生产和供应业（风能、太阳能发电）	到 2008 年实现 1.4 亿吨 CO_2 减排量
7	GEF - 2	北京	电力、热力生产和供应业；废弃资源综合利用业	2006 年较 1998 年 SO_2 和 CO 的平均浓度分别下降了 55% 和 36%
841	GEF - 2	—	电气机械和器材制造业	2001 ~ 2010 年预计累计实现减排量达 1.36 亿吨 CO_2 当量
880	GEF - 2	—	专业技术服务业	—
941	GEF - 2	北京、上海	交通运输、仓储和邮政业	项目示范期内预计实现 178 吨碳减排量
943	GEF - 2	内蒙古、福建、江苏、浙江	电力、热力生产和供应业（风能、水力发电）	到 2010 年实现 3200 万吨碳减排量
1105	GEF - 2	河南、湖北、江西、山西	电力、热力生产和供应业（沼气发电）；生态保护和环境治理业	CO_2 平均排放量下降 45.4%
1237	GEF - 2	北京、山西	科技推广和应用服务业	2004 ~ 2009 年累计实现 1.93 亿吨 CO_2 减排量
1280	GEF - 2	青海、甘肃、山西	建筑业	—
1340	GEF - 2	—	科技推广和应用服务业	预计每年实现 4.56 万吨 GHG 减排量
966	GEF - 3	北京、上海、重庆和深圳	建筑业和相关工业部门	项目执行期内每年平均实现 4390 万吨 CO_2 减排量
1892	GEF - 3	内蒙古、新疆、宁夏、河北等 6 省份	电力、热力生产和供应业；建筑业	预计在 20 年内累计实现 12 亿吨 CO_2 减排量
2609	GEF - 3	新疆、陕西、河南、山西等 9 省份	交通运输、仓储和邮政业	预计在 20 年内累计实现 87.94 亿吨 GHG 减排量

项目ID	增资阶段	主要地区分布	主要行业分布	减排效应
2777	GEF-4	—	专业技术服务业	预计到 2021 年累计实现 7.31 亿吨 CO_2 减排量
2952	GEF-4	山西、山东、广东	电力、热力生产和供应业（沼气发电）；生态保护和环境治理业	预计到 2012 年实现 GHG 减排量达 9000 万吨 CO_2 当量
3534	GEF-4	北京	交通运输、仓储和邮政业	预计项目实施后 12 年内实现 2.7 万吨 CO_2 减排量
3608	GEF-4	陕西、河南、重庆	土地管理业	碳储存量在 5% 的目标基础上增加了 19%
3672	GEF-4	—	电气机械和器材制造业	平均每年实现约 2560 万吨碳减排量
3824	GEF-4	天津	建筑业	累计实现 7186 吨 CO_2 减排量
4109	GEF-4	—	黑色金属冶炼和压延加工业；非金属矿物制品业	累计实现 19.6 万吨 CO_2 减排量
4129	GEF-4	广东	交通运输、仓储和邮政业	项目示范期内预计累计实现减排量为 16.1 万吨 CO_2 当量
4156	GEF-4	长沙、株洲和湘潭城市群；成渝城市群；京津冀城市群	交通运输、仓储和邮政业	—
4188	GEF-4	陕西、江西、辽宁、广东等9省份	专业技术服务业	累计实现减排量为 430 万吨 CO_2 当量
5627	GEF-5	—	交通运输、仓储和邮政业	2019 年起预计每年可实现 131 万吨 GHG 减排量

注：（1）根据 GEF 的 Project Database 提供的数据整理而得，数据截至 2020 年 2 月；（2）行业划分根据《2017 年国民经济行业分类（GB/T 4754—2017）》的行业大类进行匹配得到；（3）"—"表示未提供具体地区或具体减排效应。

在地区分布特征方面，GEF 对华援助涉及的地区较为广泛，但也并非所有省（市）均得到覆盖。具体来看，GEF 对华援助项目主要还是以中西部地区为主要援助对象，代表性的地区包括山西、河南、内蒙古、陕西、新疆等，其中山西、内蒙古都是国内能源供给的主要地区。除中西部地区外，山东、辽宁、江苏、广东等国内主要碳排放地区也得到了部分气候援助项目，且北京、上海、天津、重庆等经济较为发达的直辖市也有涉及。可以注意到，针对直辖市的气候援助项目，技术水平相对较高，这从电动汽车、燃料电池公共汽车、生态城建设等援助内容中可以得到体现。在行业分布特征方面，援助项目涉及的行业较为集中，其中电力、热力生产和供应业分布最多，其次是交通运输、仓储和邮政业，建筑业、专业技术服务业、科技推广和应用服务业、生态保护和环境治理业也有一定涉及。针对电力、热力生产和供应业，相关援助项目主要涉及风能、水利、沼气以及蔗渣发电等内容，上述低碳发电方式均有助于缓解传统化石能源发电所带来的高碳排放问题，进而可对我国实现相关碳减排目标产生积极作用。

在实施效果方面，可以看出每个援助项目都有较好的减排效果，反映出 GEF 对华气候援助存在显著的减排效应。从分行业实施效果来看，针对电力、热力生产和供应业的援助项目，其减排效果较为突出。具体而言，该行业中预计或已实现千万吨级减排量的项目就达到 6 个，总体实现的减排水平高于其他行业部门。科技推广和应用服务业、专业技术服务业、交通运输、仓储和邮政业以及电气机械和器材制造业中也均有预计或已实现千万吨级减排量的援助项目。以上援助项目无疑会为当地实现碳减排提供重要支持与保障。当然，根据表 6-4 得到的减排效应主要为各项目整体层面的减排效果，而各项目具体的实施效果及其特征还需对援助项目进行更为深入的分析才能够得到。为此，本章接下来将以三个典型的援助项目为例，来进一步考察 GEF 对华气候援助的碳排放效应①。

二、典型项目的碳排放效应分析

在气候援助发挥碳减排效应的过程中，能源相关因素的作用不可忽视，这在第六章的机制分析中得到了经验验证。据此，本章特别关注到与

---

① 由于双边气候援助项目详细信息的获取存在一定难度，且相关具体信息披露存在不及时、不透明等问题，故本章仅针对 GEF 多边气候援助项目展开案例分析。

能源相关的 GEF 对华援助项目，并将其作为典型项目进行案例分析，同时试图为前文机制分析提供一定的现实依据。基于上述考虑，本章选择了旨在优化能源结构的"可再生能源发展项目"，以及致力于提升能源效率的"中国节能促进项目"作为两个典型项目展开案例分析。而且，上述两个项目均实现了相对可观的减排量，因而具有一定的代表性。

此外，技术创新与一国能源结构的优化和能源效率的提升息息相关，是一国实现碳减排的关键所在。因此，本章进一步关注到与应对气候变化技术相关的 GEF 对华援助项目，并选择将"应对气候变化技术需求评估项目"作为典型项目，对其进行案例分析。

（一）可再生能源发展项目

"可再生能源发展项目"由 GEF、世界银行、国家发展和改革委员会（项目初期为原国家经济贸易委员会）共同实施，该项目主要针对风能和太阳能等可再生能源领域展开合作。GEF 为该项目提供了 35 百万美元的援助资金，中国政府及相关执行机构则相应提供了 409.83 百万美元的配套资金。该项目于 1999 年获得正式批准，到 2008 年顺利完成，在碳减排等方面取得了一系列积极效果。

该项目预期实现的目标主要体现在以下三个方面：第一，通过在内蒙古、河北、上海和福建四省（市）开发建设风电场，加快可再生能源的产业化进程；第二，通过为内蒙古、新疆、甘肃和青海等西北四省安装太阳能户用光伏系统，解决上述边远地区农牧民的用电问题；第三，加强技术创新、体制能力和市场基础建设，促使相关企业在市场上提供质高价廉的具有竞争力的产品，进而推动风能和太阳能的大规模商业化应用。总的来说，该项目试图通过推广可再生能源的应用，以降低中国经济发展对传统化石能源的依赖，来促使能源结构得到优化，最终实现减缓温室气体排放的目标。

基于上述目标，通过一系列的发展举措，该项目最终实现了 140 百万吨 CO_2 减排量。本章认为，该项目能够实现较为可观的减排规模的原因主要在于，其在风能、太阳能、技术改进及能力建设四方面均得到了一系列的成果。具体而言，在风电场建设方面，该项目分别在上海崇明及南汇区建设了共 14 台 1.5MW 的风力发电机，采用了当时较为先进的风电场技术，实现的风力发电量每年达 103400GWh。在太阳能户用光伏系统方面，该项目促使相关光伏组件销量快速增长，项目期间完成的销售量达到了

62.5 万件，远高于项目初期所设定 9 万件的销售目标，装机容量达
80MW。在技术开发方面，完成了 197 项关于技术改进的子项目，对促进
节能具有重要意义。在能力建设方面，相关项目中的光伏组件标准被中国
采用，即《GB/T19064 - 2003 家用太阳能光伏电源系统技术条件和实验方
法》，提升了中国光伏企业产品的质量标准。可见，可再生能源发展项目
对中国而言，不仅是资金上的支持，在基础建设、标准订立和技术发展等
方面更是带来了不可忽视的积极影响，这些影响均有助于促进我国降低碳
排放水平。

（二）中国节能促进项目

"中国节能促进项目"也是由 GEF、世界银行、国家发展和改革委员
会（项目初期为原国家经济贸易委员会）共同实施的援助项目，旨在提升
中国的能源效率。该项目分两期实施，项目一期、二期获得的援助资金及
配套资金分别达 1.47 亿美元和 2.81 亿美元，均属于较为大型的气候援助
项目。项目一期于 1998 年获得正式批准，2007 年顺利完成；项目二期则
于 2002 年获得正式批准，2010 年顺利完成。

项目一期致力于在中国实现示范基于市场经济的"合同能源管理"机
制以及建立国家节能信息中心两方面具体目标，来推动中国能源效率的大
幅度提升。项目二期是项目一期的延续，目标主要为通过推广上述"合同
能源管理"机制在中国的应用，扩大国内对能源效率项目的投资，进而实
现更大规模的能源效率改善和更高水平的碳减排。

两期项目均实现了一系列的显著成果，有效降低了中国的碳排放水
平。在项目一期执行期间，成立了分别位于北京、山东、辽宁的三家示范
能源管理公司（energy management company，EMC），上述三家示范公司所
投资的合同能源管理（energy performance contracting，EPC）项目达 514
项，投资资金高达 1.8 亿美元，累计实现了 5.06 百万吨 CO_2 减排量（见
表 7 - 5）。此外，该项目在制订更为有效的国家节能信息传播计划方面也
取得了令人满意的成果，具体表现为其推动中国成立了国家发改委节能信
息中心。该信息中心提供了大量市场条件下颇具吸引力的能效投资机会信
息，所推广的节能措施帮助相关企业实现节能累计达 26.01 百万吨煤当
量，由此导致的 CO_2 减排量高达 67.89 百万吨。

表7-5 三家示范EMCs所实现的CO$_2$减排量（项目一期）

公司	1999年	2000年	2001年	2002年	2003年	2004年	2005年	2006年	总计
北京EMC	0.03	0.03	0.04	0.07	0.11	0.17	0.22	0.28	0.95
辽宁EMC	0.06	0.05	0.06	0.14	0.19	0.25	0.46	0.66	1.87
山东EMC	0.10	0.08	0.13	0.19	0.26	0.30	0.57	0.61	2.24
总计	0.19	0.16	0.23	0.40	0.56	0.72	1.25	1.55	5.06

注：（1）数据来源于该项目的终期评估报告，https：//www.thegef.org/sites/default/files/project_documents/98%25202007_0.pdf；（2）山东EMC和辽宁EMC公司包括其子公司。

在项目一期成功运作的基础上，项目二期进一步推广"合同能源管理"机制，促使中国又成立了321家EMC，相关公司投资的EPC项目达58.26亿美元。上述投资累计实现了192.8百万吨CO$_2$减排量，远高于项目一期中三家示范EMCs实现的减排量，充分表明了"合同能源管理"机制在中国具有较大的减排潜力。值得说明的是，上述机制的推广还为节能服务产业化奠定了重要基础，为实现持续节能和更大规模的碳减排提供了保障。

（三）应对气候变化技术需求评估项目

由GEF、世界银行、国家发展和改革委员会应对气候变化司共同实施的"应对气候变化技术需求评估项目"（technology need assessment on climate change，"TNA项目"）为针对减缓和适应气候变化技术评估方面的合作项目。该项目获得了GEF及相关执行机构所提供的援助资金、配套资金分别为500万美元和170万美元，其于2012年获得正式批准，2016年顺利完成。

TNA项目试图通过相关技术方面的手段来加强中国减缓和适应气候变化的综合能力。具体而言，该项目旨在通过相关综合技术评估建立各行业TNA及相关技术需求的数据库，其还致力于通过开展相关能力建设活动来加强中国应对气候变化网络建设。此外，推进技术转让示范项目的开展，也是TNA项目的重要目标之一。

通过TNA项目取得的一系列成果，的确有效地减缓了中国的碳排放水平，同时还提升了中国应对气候变化的软实力。首先，实施了20个TNA相关项目，对12个减缓部门、4个适应部门和4个示范省（广东、辽宁、陕西和江西）的关键气候变化技术现状进行了全面、系统的筛选和评估。其次，该项目评估了 476 项应对气候变化技术，具体分析了 120 项优先技术。再次，在该项目的推动下，建立了国家应对气候变化战略研究和国际合作中心（NCSC），为中国应对气候变化奠定了重要的制度和研究基础。最后，完成的 8 个技术转让示范项目，累计实现了 430 万吨 CO_2 当量的减排量（见表 7 - 6），同时还提升了相关企业在技术改良、技术扩散等方面的水平。从 8 个示范项目的内容来看，相关技术主要还是服务于提升能源效率，而这正是中国目前气候治理行动中较为薄弱之处；同时，可以发现旨在提升能源效率相关示范项目所实现的 GHG 减排量均位居前列，如热源侧能源效率提升技术项目等，在一定程度上反映出能源效率的提升对中国实现碳减排目标具有重要的作用。

表 7 - 6   8 个技术转让示范项目的减排效应

项目序号	示范项目	GHG 减排量（吨 CO_2 当量）
1	大型数据中心能源效率提升示范项目	169521
2	基于能源管理系统的高效光伏/柴油机/储能系统的设计	706
3	提高大型风力涡轮机能效示范项目	178398
4	填埋气的脱碳净化示范项目	231548
5	燃气轮机前端进气冷却系统及后端余热高效利用项目	393007
6	秦皇岛离心热泵项目	65273
7	热源侧能源效率提升技术项目	3299973
8	太阳能铅酸电池的循环使用技术示范项目	27967
总计		4366393

资料来源：该项目终期评估报告，https：//www.thegef.org/sites/default/files/project_documents/4188 - P120932_ICR.pdf。

本章小结

为补充前文仅讨论双边气候援助且较少涉及具体气候援助项目碳排放效应的分析局限，本章以多边气候援助 GEF 为例，考察了对华气候援助的碳排放效应问题。首先，对中国参与全球气候治理的概况进行简要分析；其次，考察了对华双边气候援助和对华多边气候援助（以 GEF 为例）的发展现状；再次，分析了 32 个已顺利完成的 GEF 援助项目的碳排放效应情况；最后，通过对三个典型的 GEF 援助项目进行案例分析，来更加深入地考察 GEF 援助项目的碳排放效应。本章得到的主要结论如下：

GEF 对华气候援助能够发挥出较好的碳减排效应。从已顺利完成的 32 个对华援助项目的实施效果来看，基本每个项目都具有较好的减排效果。其中，针对电力、热力生产和供应业领域的相关援助项目的减排效果较为突出，预计或已实现千万吨级减排量的项目就达到 6 个。此外，针对科技推广和应用服务业、专业技术服务业、交通运输、仓储和邮政业以及电气机械和器材制造业等领域的援助项目也发挥出了较好的减排效应，也均有预计或已实现千万吨级减排量的援助项目。

进一步，三个典型气候援助项目的案例分析再次反映出 GEF 对华气候援助的碳减排效应。具体而言，可再生能源发展项目通过推广可再生能源（风能、太阳能）在中国的应用，有助于降低对传统石化能源的依赖以优化能源结构，最终实现可观的碳减排规模；中国节能促进项目一期和二期都致力于通过"合同能源管理"机制的推广及应用来提升能源效率，进而实现碳减排；专门针对技术评估领域的 TNA 项目通过提升相关企业的技术改良及扩散能力等，不仅实现了较为可观的减排量，同时还提升了中国应对气候变化的软实力。

| 第八章 |

结论与政策启示

第一节　主　要　结　论

　　气候援助被作为全球气候治理的重要政策工具之一，对促进受援国实现减缓和适应气候变化发挥着重要作用。在上述现实背景下，本书关注到了气候援助的碳排放效应问题，从理论和实证分析等多个方面，来回答气候援助是否真的能促进受援国实现碳减排等一系列核心问题。本书在清晰梳理气候援助的概念和理论基础上，先对气候援助的发展历程和现状进行全面总结，然后在一般均衡模型框架下对气候援助的碳排放效应进行理论分析，再基于静态和动态面板模型实证分析气候援助的碳排放效应及其异质性特征，进一步利用中介效应模型考察气候援助的双重减排机制，最后就 GEF 对华气候援助的碳排放效应展开案例分析。本书的主要结论如下：

　　第一，气候援助主要涉及减缓和适应气候变化两方面，且两方面气候援助的分布特征和主要实施领域有所区别。在减缓气候变化方面，气候援助主要分布于能源、交通运输、建筑、工业等六个部门，并通过推广CCS、BECCS 等低碳技术，以及太阳能、生物能源等可再生能源技术等来提高受援国的能源效率、改善能源结构以及促进可持续的森林管理等。在适应气候变化方面，气候援助主要分布于水资源、海岸带、农业和林业等领域，并通过实施相关修复措施、建立自然灾害预警系统等来提升受援国应对实际的或预期的气候变化的能力。从总体援助趋势及分布特征来看，减缓性和适应性气候援助规模均呈现出逐年上升的趋势，且均主要流入了非洲、亚洲及美洲地区，以及中低收入、最不发达国家。

　　第二，在理论分析层面，气候援助对受援国的碳排放存在减排效应。在构建考虑气候援助、生产最优化和最优碳排放约束量的一般均衡理论模型基础上，本书在封闭经济和开放经济两种情形下，分别运用不同方面的比较静态分析方法，考察了气候援助的碳排放效应，进而从多个方面得到气候援助对受援国碳排放具有减排作用的积极结论。具体而言，通过无气候援助和有气候援助下均衡结果的比较静态分析可得，相比于无援助的国家，开放经济情形下有援助的国家碳排放水平较低，即气候援助有助于降低碳排放。在有气候援助的前提下，无论是封闭经济情形还是开放经济情形，受援国的碳排放水平均随气候援助的增加而降低。此外，气候援助的碳减排效应还会随受援国工资水平的提升呈减弱趋势，随环保技术水平的提升呈增强趋势。

　　第三，在实证分析层面，现有气候援助的确显著降低了受援国的碳排放水平，且气候援助的碳排放效应存在异质性特征。本书基于 AidData、OECD - DAC CRS 和 WDI 数据库得到了 1980～2014 年 77 个受援国的国家面板数据，利用静态和动态面板模型得到了气候援助显著降低了受援国碳排放强度和人均碳排放的结论。在此基础上，进一步从碳排放水平和收入水平两个方面揭示出了气候援助碳排放效应的异质性特征。在碳排放水平方面，面板分位数回归的估计结果表明，一定范围内，气候援助发挥出了预期的减排效应，且随着分位点由低端向较高端移动，上述减排效应逐渐增强。然而，当达到高分位点（如 90%）时，气候援助反而并没有发挥显著的减排作用，这与受援国具有较高的减排资金需求及气候援助的不充分等因素有关。在收入水平方面，固定效应模型的估计结果表明，气候援助对中等收入和低收入国家的碳排放水平均产生了显著的减排效应，而对高收入国家的减排效应并不显著。该异质性特征与不同收入水平国家接受的气候援助额、经济结构、可再生能源发展等方面相关。此外，受援国收入水平与碳排放关系符合 EKC 假说，贸易开放度和资本劳动比的提升均显著地加剧了受援国碳排放，而城镇化水平的提升促进了受援国碳排放强度的增加，却减缓了人均碳排放水平。

　　第四，气候援助对受援国碳排放存在直接和间接的双重减排机制，且该影响机制能够得到现有气候援助发展的经验支持。本书从理论层面提出了气候援助的双重减排机制，一方面，气候援助可通过微观项目的减排监测和增加受援国减排资源等途径，对受援国碳排放产生直接减排效应；另一方面，气候援助可通过清洁技术来优化能源结构，以及通过灰色技术来提升能源效率，进而对受援国碳排放产生间接减排效应。进一步，本书利用中介效应模型对能源结构和能源效率的中介作用进行检验，同时对气候援助的双重减排机制进行经验验证。中介效应检验及其稳健性检验的结果表明，气候援助存在直接减排效应，以及存在通过影响能源结构而发挥出的间接减排效应，但能源效率预期发挥的中介作用并不存在。本书认为，能源结构能够发挥中介作用的原因与发展中国家清洁能源投资的快速增长等因素有关，而能源效率未发挥出中介作用的原因与受援国能源消费情况、技术水平等有关。

第五，就单个项目而言，GEF对华气候援助能够发挥出较好的碳减排效应。从已顺利完成的32个GEF对华援助项目的实施效果来看，基本每个项目都具有较好的减排效果，其中，针对电力、热力生产和供应业领域的相关援助项目的减排效果较为突出，而该行业也是援助项目中分布最多的行业。进一步地，三个典型气候援助项目的案例分析再次反映出GEF对华气候援助的碳减排效应。可再生能源发展项目、中国节能促进项目和TNA项目分别通过促进中国能源结构优化、提升能源效率以及改进相关应对气候变化技术三方面来帮助我国实现碳减排。

综上可知，本书主要研究结论是根据研究内容设计逐层递进而得，而且各结论间存在较强的逻辑联系，体现出全文研究内容的整体性和所得结论的一致性。主要结论及其相互之间的逻辑联系可如图8-1所示。

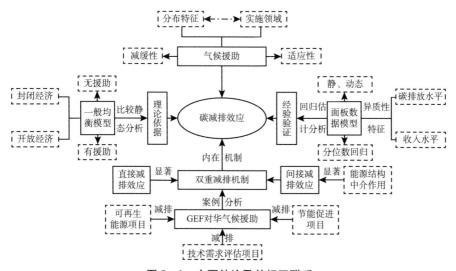

图8-1 主要结论及其相互联系

第二节 政策启示

本书从理论和实证分析等多个方面验证了气候援助的碳减排效应，而且不同碳排放水平和收入水平下气候援助碳排放效应的异质性特征也得以揭示；进一步，机制分析表明能源结构在气候援助的碳减排效应中发挥出了显著中介作用，而能源效率的中介作用并不存在；此外，案例分析反映出 GEF 对华气候援助能够发挥出较好的碳减排效应。以上结论不仅能为全球范围内更好地利用气候援助来应对气候变化提供有益启示，也能够为兼具受援国和援助国双重身份的中国深化应对气候变化南南合作等方面提供重要启示。据此，本书将从全球范围和中国两个维度就所得政策启示进行具体阐述。

一、对全球的启示

第一，积极敦促发达国家切实履约且不断扩充气候援助来源渠道。本书从多个方面得到气候援助具有碳减排效应的研究结论，这为在全球范围内利用气候援助来应对气候变化提供了有力的研究依据。换言之，通过向发展中国家提供气候援助来推动碳减排以应对气候变化，是可行且有效的。所以，为促使气候援助发挥更大的减排作用以缓解气候变化，相关国际组织和发展中国家应积极敦促发达国家切实兑现到 2020 年每年向发展中国家提供 1000 亿美元的援助资金承诺，还应尽快提出以 1000 亿美元为起点的新的集体量化资金目标。此外，目前气候援助资金的来源渠道逐渐泛化，私人部门资金、碳市场融资等日益受到各国重视，并已经成为气候援助的重要补充。因此，应在气候援助的基础上，积极呼吁私人部门的广泛参与，同时推动全球碳市场的协同建设，以发挥出多渠道资金实现碳减排的组合效应。

第二，推动气候援助流向减排潜力相对较大的国家及地区。气候援助碳排放效应存在的异质性特征，表明气候援助在不同国家或地区的碳减排效应并不相同，有的甚至并不存在碳减排效应。进一步地，碳排放具有公共物品属性，即无论碳减排在哪国发生，其他国家也将会享受到该国碳减排所带来的正外部性。因此，相关国际组织应推动气候援助流向减排潜力相对较大的国家及地区。根据第五章的实证分析结论，气候援助在相对较高碳排放水平的国家以及中等收入和低收入国家均发挥出了显著的减排作用。所以，气候援助应向上述国家倾斜，以实现更大程度的碳减排。

第三，受援国应加强低碳技术引进与研发来构建低碳能源体系。气候援助对受援国碳排放具有直接减排效应以及通过影响能源结构而发挥出的间接减排效应。直接减排效应的发挥意味着受援国应积极助推气候援助项目的规模化发展，以实现更大程度的减排。在分析气候援助的间接减排效应时，能源结构发挥了显著的中介作用，而能源效率并未发挥出预期的中介作用，这与现阶段受援国低碳技术较为落后息息相关，尤其体现在灰色技术方面。受援国较为落后的低碳技术将导致推动气候援助所引进的先进低碳技术成果进行有效转化以及规模化生产存在一定的困难，从而表现出能源效率提升并不显著的结果。因此，受援国可通过积极引进低碳技术与鼓励技术研发并举的方式，加快构建低碳能源体系，促使气候援助充分发挥出以能源结构和能源效率为中介的间接减排效应，且需更为关注能源效率中介作用的发挥。

二、对中国的启示

（一）作为受援国的启示

中国应进一步吸收双、多边机构的援助资金，充分发挥气候援助应有的碳减排效应。从 GEF 的案例分析可知，气候援助在中国发挥出了积极的碳减排效应，意味着通过气候援助这一政策工具助力中国实现碳减排是可行的。根据《2016 中国气候融资报告》的估算，中国到 2020 年减排资金需求将达 2.56 万亿元，如此高额的资金需求需要得到国际气候援助的支持。所以，作为最大的发展中国家，中国应坚持享有资金受助权的基本立场与定位，吸收来自双边和多边机构的气候援助，并使其在中国实现碳减排目标的进程中继续发挥出应有的积极作用。当然，除气候援助外，中国也可以积极拓展来自私人部门的气候资金，多方面地充实和满足中国在气候治理领域的资金需求。

（二）作为援助国的启示

中国应同时重视双边和多边的对外气候援助，利用多渠道资金来协助其他发展中国家应对气候变化。中国在应对气候变化南南合作方面已取得了一定进展和成效，使得中国在对外双边气候援助方面得到了国际社会的广泛认可。但从本书案例分析中可以发现，中国以援助国身份在 GEF 这一多边资金机制中所处的地位和发挥的作用也在逐渐加强。因此，中国作为援助国，应该积极寻求多种对外援助渠道，不仅需要在南南合作框架下对其他发展中国家继续深化实施针对性的双边气候援助，还需在多边资金机制中进一步提升自身的地位和作用，进而通过多种渠道来发挥出作为援助国的作用和价值。

此外，中国还应强化气候变化技术从吸收向输出的转变，为全球提升应对气候变化能力贡献中国力量。GEF 对华援助项目之所以能有效降低碳排放，关键在于相关项目普遍具有较为先进的应对气候变化技术。在追求经济增长的现实背景下，技术革新才是实现碳减排乃至"零排放"的关键所在。所以，中国应积极发挥兼具双重身份时可能存在的"技术桥梁"作用。一方面，中国需利用好现有气候援助的技术外溢效应，充分吸收中国薄弱或缺失的先进气候变化技术，同时鼓励本土企业在各领域的技术创新，为国内实现碳减排提供技术保障；另一方面，通过各种形式的对外援助，将先进的应对气候变化技术向技术落后的受援国有效输出，逐步实现由物资捐赠向技术转移和联合研发转变，真正实现"授人以渔"的援助方式，最终为全球应对气候变化提供源动力。

第三节　研究展望

在利用气候援助进行全球气候治理实践的背景下，本书从理论和实证分析等方面全面地考察了气候援助的碳排放效应，均得到了气候援助对受援国碳排放存在减排效应的结论。与此同时，气候援助的双重减排机制也得到了经验检验的支持，且能源结构发挥出了显著的中介作用。然而，由于本书研究范围、数据资料可获得性等方面限制，本书未涉及的部分其他研究内容值得在后续研究中展开进一步深入讨论，具体包括以下三个方面：

其一，对气候援助碳排放效应的部门异质性进行实证考察。第五章主要围绕受援国碳排放水平和收入水平的不同，来分析气候援助碳排放效应的国家异质性特征，未涉及部门异质性的相关分析。难以从分部门维度对气候援助碳排放效应进行实证分析的原因主要在于：AidData 和 OECD -

DAC CRS 数据库提供的部门分类标准与常用的国际标准产业分类内容并不一致，加之缺乏各受援国分行业数据（尤其是 CO_2 排放数据），从而较难在统一的部门分类划分下对各变量数据进行匹配。当然，随着包括 Aid-Data 和 OECD – DAC CRS 数据库在内的各数据库逐渐完善，这将促使跨数据库行业分类标准的统一匹配，或者出现权威研究对不同数据库的行业分类进行近似匹配，进而使分析气候援助碳排放效应的部门异质性特征成为可能。该方面研究的开展，将会是本书碳排放效应异质性特征分析的重要拓展和补充。

其二，关注《巴黎协定》生效后气候援助碳排放效应的新特征。《巴黎协定》于 2016 年 11 月 4 日正式生效，且被看作是应对气候变化进程中的里程碑事件。虽然各方在落实《巴黎协定》的一些技术细节方面仍存在较大的分歧，诸如如何进一步明确发达国家对发展中国家的资金、技术和能力支持等议题[1]。但是，关于《巴黎协定》生效后气候援助所发挥的碳排放效应及其可能出现的新特征仍值得关注。可以注意到，受限于数据资料的可得性，本书关于气候援助现状分析的数据仅更新至 2017 年，而实证分析部分的时间仅更新到 2014 年。所以，对《巴黎协定》生效后气候援助碳排放效应的新特征考察缺乏有效的回答与解释。对此，随着时间的逐步推移，相关数据也会逐步更新，便能够对上述问题进行详细分析与讨论，而这也可为 2020 年后更好地利用气候援助提供有价值的启示[2]。

其三，对私人部门资金所发挥的碳排放效应进行深入分析。正如在第三章第五节所述，发达国家在公共赠款方面较难有新的实质性行动，援助资金的来源渠道已出现了由公共到私人的发展趋势，私人部门资金或能够缓解公共资金不足等现实问题。由于私人部门资金与公共赠款的性质存在较大差别，故其与公共部门资金发挥的碳排放效应可能存在不同。然而，根据本书对"气候援助"概念的界定，以及所选援助数据库的限定，本书所考察的气候援助主要来自公共部门，致使对私人部门资金的分析并不充分。为此，在后续的研究中，可进一步搜集来自私人部门的资金数据，来考察该部分资金是否也发挥出了碳减排效应。而且，其与公共部门资金的碳排放效应在实施效果、范围以及发展前景等方面的联系与区别也同样值得关注。

---

① 资料来源于《〈巴黎协定〉生效后的首个联合国气候大会开幕》，刊于《光明日报》2016 年 11 月 8 日第 12 版。
② 《巴黎协定》主要是针对 2020 年后全球应对气候变化行动作出的安排。

附　　录

附录 A　DAC 受援国名单（适用于 2018 年、2019 年和 2020 年的国际发展援助）

最不发达国家	其他低收入国家	中低收入国家和地区	中高收入国家和地区
阿富汗	朝鲜	亚美尼亚	阿尔巴尼亚
安哥拉	津巴布韦	玻利维亚	阿尔及利亚
孟加拉国		佛得角	安提瓜和巴布达
贝宁		喀麦隆	阿根廷
不丹		刚果（布）	阿塞拜疆
布基纳法索		科特迪瓦	白俄罗斯
布隆迪		埃及	伯利兹城
柬埔寨		萨尔瓦多	波斯尼亚和黑塞哥维那
中非共和国		斯威士兰	博茨瓦纳
乍得		格鲁吉亚	巴西
科摩罗		加纳	中国
刚果（金）		危地马拉	哥伦比亚
吉布提		洪都拉斯	库克群岛
厄立特里亚		印度	哥斯达黎加
埃塞俄比亚		印度尼西亚	古巴
冈比亚		约旦	多米尼加岛
几内亚		肯尼亚	多米尼加
几内亚比绍		科索沃	厄瓜多尔

续表

最不发达国家	其他低收入国家	中低收入国家和地区	中高收入国家和地区
海地		吉尔吉斯斯坦	赤道几内亚
基里巴斯		密克罗尼西亚	斐济
老挝		摩尔多瓦	加蓬
莱索托		蒙古国	格林纳达
利比里亚		摩洛哥	圭亚那
马达加斯加岛		尼加拉瓜	伊朗
马拉维		尼日利亚	伊拉克
马里		巴基斯坦	牙买加
毛里塔尼亚		巴布亚新几内亚	哈萨克斯坦
莫桑比克		菲律宾	黎巴嫩
缅甸		斯里兰卡	利比亚
尼泊尔		叙利亚	马来西亚
尼日尔		塔吉克斯坦	马尔代夫
卢旺达		托克劳群岛	马绍尔群岛
圣多美和普林西比		突尼斯	毛里求斯
塞内加尔		乌克兰	墨西哥
塞拉利昂		乌兹别克斯坦	黑山
所罗门群岛		越南	蒙特色拉特岛
索马里		巴勒斯坦	纳米比亚
南苏丹			瑙鲁
苏丹			纽埃岛
坦桑尼亚			北马其顿
东帝汶			帕劳群岛
多哥			巴拿马
图瓦卢			巴拉圭
乌干达			秘鲁
瓦努阿图			圣赫勒拿
也门			圣卢西亚岛

最不发达国家	其他低收入国家	中低收入国家和地区	中高收入国家和地区
赞比亚			圣文森特和格林纳丁斯
			萨摩亚
			塞尔维亚
			南非
			苏里南
			泰国
			汤加
			土耳其
			土库曼斯坦
			委内瑞拉
			瓦利斯群岛和富图纳群岛

附录 B 《联合国气候变化框架公约》中的附件二发达国家

澳大利亚	德国	挪威
奥地利	希腊	葡萄牙
比利时	冰岛	西班牙
加拿大	爱尔兰	瑞典
丹麦	日本	瑞士
欧洲共同体	卢森堡	土耳其
芬兰	荷兰	大不列颠及北爱尔兰联合王国
法国	新西兰	美利坚合众国

附录 C 气候资金机制及相关机构名称

中文名称	英文全称	英文简称
澳大利亚外交事务和贸易部	Department of Foreign Affairs and Trade	DFAT
加拿大国际开发署	Canadian International Development Agency	CIDA

中文名称	英文全称	英文简称
全球气候变化联盟	Global Climate Change Alliance	GCCA
法国全球环境基金	French Facility for Global Environment	FFEM
气候变化部际工作组	Inter-ministerial Taskforce on Climate Change	MIES
法国开发署	French Development Agency	AFD
英国环境、食品和农村事务部	Department for Environment，Food and Rural Affairs	DEFRA
英国能源和气候变化部	Department of Energy and Climate Change	DECC
英国国家发展部	Department for International Development	DFID
国际气候基金（英国）	International Climate Fund	ICF
国家适当减缓行动（英国和德国）	Nationally Appropriate Mitigation Action Facility	NAMA
REDD 先行者（英国和德国）	REDD Early Movers	REM
国际气候倡议（德国）	International Climate Initiative	ICI
德国联邦经济合作与发展部	Federal Ministry of Economics Cooperation and Development	BMZ
德国技术合作公司	German Technical Cooperation	GIZ
德国发展银行	German Development Bank	KfW
日本外务省	Ministry of Foreign Affairs	MOFA
日本国际合作银行	Japan Bank of International Cooperation	JBIC
日本国际协力机构	Japan International Cooperation Agency	JICA
挪威发展合作机构	Norwegian Agency for Development Cooperation	NORAD
挪威外交部	Ministry of Foreign Affairs	ODLN
挪威国际气候和森林倡议	Norway International Climate and Forest Initiative	NICFI
美国进出口银行	The Export – Import Bank of the United States	EX – IM
美国海外私人投资公司	Overseas Private Investment Corporation	OPIC
美国国际开发署	US Agency for International Development	USAID
全球气候伙伴基金（英国、德国和丹麦）	Global Climate Partnership Fund	GCPF

中文名称	英文全称	英文简称
联合履行机制	Joint Implementation	JI
清洁发展机制	Clean Development Mechanism	CDM
绿色气候基金	Green Climate Fund	GCF
最不发达国家基金	Least Developed Countries Fund	LDCF
气候变化特别基金	The Special Climate Change Fund	SCCF
联合国减少毁林和森林退化所致排放量合作计划	United Nations programme on Reducing Emissions from Deforestation and forest Degradation	UN REDD
森林碳伙伴基金	Forest Carbon Partnership Facility	FCPF
刚果盆地森林基金	Congo Basin forest Fund	CBFF
全球能源效率和可再生能源基金	Global Energy Efficiency Renewable Energy Fund	GEEREFF
世界银行	World Bank	WB
亚洲发展银行	Asian Development Bank	ADB
非洲发展银行	African Development Bank	AfDB
欧洲复兴开发银行	European Bank for Reconstruction and Development	EBRD
欧洲投资银行	European Investment Bank	EIB
美洲开发银行	Inter American Development Bank	IADB
气候投资基金	Climate Investment Fund	CIF
战略性气候基金	Strategic Climate Fund	SCF
林业投资计划	Forest Investment Program	FIP
可再生能源推广计划	Sustainable Infrastructure Action Plan	SREP
气候适应试点项目	The Pilot Program for Climate Resilience	PPCR
市场准备伙伴计划	Partnership for Market Readiness	PMR
生物碳基金	Bio Carbon Fund	BCF

附录 D　实证分析所涉及的 77 个受援国

1	阿尔及利亚	21	古巴	41	肯尼亚	61	塞内加尔
2	阿根廷	22	多米尼加共和国	42	马达加斯加	62	塞拉利昂
3	孟加拉国	23	厄瓜多尔	43	马拉维	63	南非
4	伯利兹	24	埃及	44	马来西亚	64	斯里兰卡
5	贝宁	25	萨尔瓦多	45	马里	65	苏丹
6	不丹	26	斐济	46	毛里塔尼亚	66	斯威士兰
7	玻利维亚	27	加蓬	47	毛里求斯	67	泰国
8	博茨瓦纳	28	冈比亚	48	墨西哥	68	多哥
9	巴西	29	加纳	49	蒙古国	69	汤加
10	保加利亚	30	危地马拉	50	摩洛哥	70	突尼斯
11	布基纳法索	31	几内亚	51	莫桑比克	71	土耳其
12	布隆迪	32	几内亚比绍共和国	52	尼泊尔	72	乌干达
13	喀麦隆	33	圭亚那	53	尼日尔	73	乌拉圭
14	中非共和国	34	海地	54	尼日利亚	74	瓦努阿图
15	乍得	35	洪都拉斯	55	巴基斯坦	75	委内瑞拉
16	智利	36	印度	56	巴拿马	76	越南
17	中国	37	印度尼西亚	57	巴拉圭	77	津巴布韦
18	哥伦比亚	38	伊朗	58	秘鲁		
19	哥斯达黎加	39	牙买加	59	菲律宾		
20	科特迪瓦	40	约旦	60	卢旺达		

附录 E　GEF 对华 32 个气候援助项目（完成阶段）的项目名称

序号	项目 ID	项目名称	项目起止时间
1	75	四川燃气输配系统改造项目	1992～2004 年
2	379	控制温室气体排放项目	1992～1997 年
3	384	包括臭氧在内的温室气体监测项目	1991～2008 年
4	97	高效工业锅炉项目	1996～2006 年

序号	项目 ID	项目名称	项目起止时间
5	98	中国节能促进项目	1996~2007 年
6	261	加速可再生能源商业化能力建设项目	1997~2012 年
7	263	乡镇企业节能与温室气体减排项目	1995~2011 年
8	304	促进城市垃圾甲烷回收利用项目	1996~2011 年
9	446	可再生能源发展项目	1998~2008 年
10	7	北京环境二期项目	1999~2011 年
11	841	中国绿色照明工程促进项目	2001~2008 年
12	880	与气候变化相关的专门研究项目	2000~2012 年
13	941	中国燃料电池公共汽车商业化示范项目	2001~2008 年
14	943	可再生能源规模化发展一期项目	2000~2012 年
15	1105	农业废物的有效利用	2001~2010 年
16	1237	中国节能促进二期项目	2001~2010 年
17	1280	农村卫生院被动式太阳能暖房项目	2001~2005 年
18	1340	通过清洁生产及环境管理系统框架提升工业能源效率项目	2001~2009 年
19	966	终端能源效率项目	2001~2014 年
20	1892	供热改革与建筑节能项目	2002~2014 年
21	2609	中国-环球基金-世界银行城市交通伙伴关系计划项目	2004~2015 年
22	2777	能效标准和标识/认证有效建立和实施障碍消除项目	2004~2015 年
23	2952	火电效率项目	2005~2014 年
24	3534	北京奥运电动汽车项目	2007~2010 年
25	3608	贫困农村地区可持续发展项目	2008~2016 年
26	3672	逐步淘汰白炽灯、加快推广节能灯项目	2008~2016 年
27	3824	中国-新加坡天津生态城项目	2008~2016 年
28	4109	中国工业能效提升项目	2009~2017 年
29	4129	绿色货运示范项目	2009~2016 年
30	4156	中国城市群综合交通发展战略研究与试点项目	2009~2016 年
31	4188	应对气候变化技术需求评估项目	2009~2016 年
32	5627	亚洲可持续交通和城市发展计划	2013~2019 年

注：根据 GEF 的 Project Database 提供的资料整理而得，数据截至 2020 年 2 月。

参考文献

［1］安超、雷明：《二氧化碳排放、人力资本和内生经济增长研究》，载于《中国管理科学》2019 年第 5 期。

［2］曹静：《走低碳发展之路：中国碳税政策的设计及 CGE 模型分析》，载于《金融研究》2009 年第 12 期。

［3］陈关聚：《中国制造业全要素能源效率及影响因素研究——基于面板数据的随机前沿分析》，载于《中国软科学》2014 年第 1 期。

［4］陈兰、王文涛、李亦欣、朱留财：《全球环境基金第七增资期政策分析与预测》，载于《气候变化研究进展》2018 年第 2 期。

［5］陈兰、张黛玮、朱留财：《全球气候融资形势及展望》，载于《环境保护》2019 年第 1 期。

［6］陈诗一：《能源消耗、二氧化碳排放与中国工业的可持续发展》，载于《经济研究》2009 年第 4 期。

［7］陈媛媛、李坤望：《FDI 对省际工业能源效率的影响》，载于《中国人口·资源与环境》2010 年第 6 期。

［8］崔鑫生、韩萌、方志：《动态演进的倒"U"型环境库兹涅茨曲线》，载于《中国人口·资源与环境》2019 年第 9 期。

［9］邓红英：《国外对外援助理论研究述评》，载于《国外社会科学》2009 年第 5 期。

［10］邓力平、王智烜：《发展中国家现代服务业与税收政策：理论模型与经验分析》，载于《财贸经济》2012 年第 4 期。

［11］丁韶彬：《大国对外援助：社会交换论的视角》，社会科学文献出版社 2010 年版。

［12］冯存万：《南南合作框架下的中国气候援助》，载于《国际展望》2015 年第 1 期。

［13］冯存万、乍得·丹莫洛：《欧盟气候援助政策：演进、构建及趋势》，载于《欧洲研究》2016 年第 2 期。

［14］傅莎、柴麒敏、徐华清：《美国宣布退出〈巴黎协定〉后全球气候减缓、资金和治理差距分析》，载于《气候变化研究进展》2017年第5期。

［15］高翔：《中国应对气候变化南南合作进展与展望》，载于《上海交通大学学报：哲学社会科学版》2016年第1期。

［16］韩家彬、韩梦莹：《贫富差距与环境污染——基于发展中经济体与发达经济体的比较研究》，载于《国际贸易问题》2015年第9期。

［17］洪祎君、崔惠娟、王芳、葛全胜：《基于发展中国家自主贡献文件的资金需求评估》，载于《气候变化研究进展》2018年第6期。

［18］胡鞍钢、王清容：《国际金融组织20余年对华贷款的流动性》，载于《统计研究》2005年第5期。

［19］黄茂兴、林寿富：《污染损害、环境管理与经济可持续增长——基于五部门内生经济增长模型的分析》，载于《经济研究》2013年第12期。

［20］李慧明：《全球气候治理与国际秩序转型》，载于《世界经济与政治》2017年第3期。

［21］李双杰、李春琦：《全要素能源效率测度方法的修正设计与应用》，载于《数量经济技术经济研究》2018年第9期。

［22］林伯强、杜克锐：《要素市场扭曲对能源效率的影响》，载于《经济研究》2013年第9期。

［23］林伯强、蒋竺均：《中国二氧化碳的环境库兹涅茨曲线预测及影响因素分析》，载于《管理世界》2009年第4期。

［24］林伯强、邹楚沅：《发展阶段变迁与中国环境政策选择》，载于《中国社会科学》2014年第5期。

［25］林美顺：《清洁能源消费、环境治理与中国经济可持续增长》，载于《数量经济技术经济研究》2017年第12期。

［26］林毅夫：《中国要以发展的眼光应对环境和气候变化问题：新结构经济学的视角》，载于《环境经济研究》2019年第4期。

［27］刘昌义、潘家华、陈迎、何为、戴玲：《温室气体历史排放责任的技术分析》，载于《中国人口·资源与环境》2014年第4期。

［28］刘倩、范雯嘉、张文诺、汪永生：《全球气候公共物品供给的融资机制与中国角色》，载于《中国人口·资源与环境》2018年第4期。

［29］刘倩、王琼、王遥：《〈巴黎协定〉时代的气候融资：全球进展、治理挑战与中国对策》，载于《中国人口·资源与环境》2016年第12期。

［30］刘倩、粘书婷、王遥：《国际气候资金机制的最新进展及中国对策》，载于《中国人口·资源与环境》2015年第10期。

［31］陆旸：《从开放宏观的视角看环境污染问题：一个综述》，载于《经济研究》2012年第2期。

［32］罗良文、茹雪、赵凡：《气候变化的经济影响研究进展》，载于《经济学动

态》2018 年第 10 期。

［33］迈克尔·E. 罗洛夫：《人际传播社会交换论》，上海译文出版社 1991 年版。

［34］米志付：《气候变化综合评估建模方法及其应用研究》，北京理工大学 2015 年博士学位论文。

［35］牛海霞、胡佳雨：《FDI 与我国二氧化碳排放相关性实证研究》，载于《国际贸易问题》2011 年第 5 期。

［36］潘家华、陈迎：《碳预算方案：一个公平、可持续的国际气候制度框架》，载于《中国社会科学》2009 年第 5 期。

［37］彭水军、张文城：《中国居民消费的碳排放趋势及其影响因素的经验分析》，载于《世界经济》2013 年第 3 期。

［38］秦海波、王毅、谭显春、Gandenberger, C., Lüninck, F. V. B.，《美国、德国、日本气候援助比较研究及其对中国南南气候合作的借鉴》，载于《中国软科学》2015 年第 2 期。

［39］佘群芝：《对华环境援助的减污效应与政策研究》，人民出版社 2015 年版。

［40］佘群芝、王文娟：《环境援助的减污效应——理论和基于 1982～2008 年中国数据的实证分析》，载于《当代经济科学》2013 年第 1 期。

［41］佘群芝、吴肖丽：《能源援助对受援国碳排放的影响研究——基于亚洲 26 国的实证分析》，载于《生态经济》2019 年第 11 期。

［42］石晨霞：《联合国在全球气候变化治理中面临的困境及其应对》，载于《国际展望》2014 年第 3 期。

［43］史丹：《中国能源效率的地区差异与节能潜力分析》，载于《中国工业经济》2006 年第 1 期。

［44］谭崇台：《发展经济学》，山西经济出版社 2001 年版。

［45］田丹宇：《国际应对气候变化资金机制研究》，中国政法大学出版社 2015 年版。

［46］田茂再：《分位回归与复杂分层结构数据分析》，知识产权出版社 2015 年版。

［47］王锋：《化石能源耗竭与气候变化约束下的经济低碳转型》，载于《当代经济科学》2012 年第 3 期。

［48］王文娟、佘群芝：《气候援助与受援国二氧化碳排放——理论机制和基于中国省际面板数据的实证研究》，载于《生态经济》2018 年第 6 期。

［49］王文涛、滕飞、朱松丽、南雁、刘燕华：《中国应对全球气候治理的绿色发展战略新思考》，载于《中国人口·资源与环境》2018 年第 7 期。

［50］王文涛、朱松丽：《国际气候变化谈判：路径趋势及中国的战略选择》，载于《中国人口·资源与环境》2013 年第 9 期。

［51］王艺明、胡久凯：《对中国碳排放环境库兹涅茨曲线的再检验》，载于《财政研究》2016 年第 11 期。

［52］王勇、王恩东、毕莹：《不同情景下碳排放达峰对中国经济的影响——基于

CGE 模型的分析》，载于《资源科学》2017 年第 10 期。

［53］王勇、俞海、张永亮、杨超、张燕：《中国环境质量拐点：基于 EKC 的实证判断》，载于《中国人口·资源与环境》2016 年第 10 期。

［54］王玉红：《和合发展：中国对非洲援助研究》，吉林大学 2012 年博士学位论文。

［55］温忠麟、叶宝娟：《中介效应分析：方法和模型发展》，载于《心理科学进展》2014 年第 5 期。

［56］吴传清、杜宇：《偏向型技术进步对长江经济带全要素能源效率影响研究》，载于《中国软科学》2018 年第 3 期。

［57］吴卓、戴尔阜、林媚珍：《气候变化和人类活动对南方红壤丘陵区森林生态系统影响模拟研究——以江西泰和县为例》，载于《地理研究》2018 年第 11 期。

［58］萧凌波、闫军辉：《基于地方志的 1736～1911 年华北秋粮丰歉指数序列重建及其与气候变化的关系》，载于《地理学报》2019 年第 9 期。

［59］徐斌、陈宇芳、沈小波：《清洁能源发展、二氧化碳减排与区域经济增长》，载于《经济研究》2019 年第 7 期。

［60］鄢哲明、杨志明、杜克锐：《低碳技术创新的测算及其对碳强度影响研究》载于《财贸经济》2017 年第 8 期。

［61］杨东升；《国外经济援助的有效性》，载于《经济研究》2007 年第 10 期。

［62］杨恺钧、刘思源：《贸易开放、经济增长与碳排放的关联分析：基于新兴经济体的实证研究》，载于《世界经济研究》2017 年第 11 期。

［63］杨子晖、陈里璇、罗彤：《边际减排成本与区域差异性研究》，载于《管理科学学报》2019 年第 2 期。

［64］叶宝娟、胡竹菁：《中介效应分析技术及应用》，中国社会科学出版社 2016 年版。

［65］余东华、张明志：《"异质性难题"化解与碳排放 EKC 再检验——基于门限回归的国别分组研究》，载于《中国工业经济》2016 年第 7 期。

［66］张超、边永民：《〈巴黎协定〉下国际合作机制研究》，载于《环境保护》2018 年第 1 期。

［67］张娟：《资源型城市环境规制的经济增长效应及其传导机制——基于创新补偿与产业结构升级的双重视角》，载于《中国人口·资源与环境》2017 年第 10 期。

［68］张立国、李东、龚爱清：《中国物流业全要素能源效率动态变动及区域差异分析》，载于《资源科学》2015 年第 4 期。

［69］张少华、蒋伟杰：《能源效率测度方法：演变、争议与未来》，载于《数量经济技术经济研究》2016 年第 7 期。

［70］张腾飞、杨俊、盛鹏飞：《城镇化对中国碳排放的影响及作用渠道》，载于《中国人口·资源与环境》2016 年第 2 期。

［71］张为付、周长富：《我国碳排放轨迹呈现库兹涅茨倒 U 型吗？——基于不同区域经济发展与碳排放关系分析》，载于《经济管理》2011 年第 6 期。

［72］张伟、朱启贵、高辉：《产业结构升级、能源结构优化与产业体系低碳化发展》，载于《经济研究》2016 年第 12 期。

［73］张晓光：《一般均衡的理论与使用模型》，中国人民大学出版社 2009 年版。

［74］张郁慧：《中国对外援助研究（1950－2010）》，九州出版社 2012 年版。

［75］张志强：《动态面板模型参数估计方法的比较研究》，载于《统计研究》2017 年第 9 期。

［76］赵领娣、吴栋：《中国能源供给侧碳排放核算与空间分异格局》，载于《中国人口·资源与环境》2018 年第 2 期。

［77］赵建安、钟帅、沈镭：《中国主要耗能行业技术进步对节能减排的影响与展望》，载于《资源科学》2017 年第 12 期。

［78］中国清洁发展机制基金管理中心：《气候变化融资》，经济科学出版社 2011 年版。

［79］钟茂初、张学刚：《环境库兹涅茨曲线理论及研究的批评综论》，载于《中国人口·资源与环境》2010 年第 2 期。

［80］周杰琦、汪同三：《FDI、要素市场扭曲与碳排放绩效——理论与来自中国的证据》，载于《国际贸易问题》2017 年第 7 期。

［81］Abe, K. and Takarada, Y., 2005: Tied Aid and Welfare, Review of International Economics, Vol. 13, No. 5.

［82］Ahmed, A., Uddin, G. S. and Sohag, K., 2016: Biomass Energy, Technological Progress and the Environmental Kuznets Curve: Evidence from Selected European Countries, Biomass and Bioenergy, Vol. 90.

［83］Alesina, A. and Dollar, D., 2000: Who Gives Foreign Aid to Whom and Why?, Journal of Economic Growth, Vol. 5, No. 1.

［84］Ali, H. S., Abdul－Rahim, A. S. and Ribadu, M. B., 2017: Urbanization and Carbon Dioxide Emissions in Singapore: Evidence from the ARDL Approach, Environmental Science and Pollution Research, Vol. 24, No. 2.

［85］Ali, M. E. M., Elshakh, M. M. and Ebaidalla, E. M., 2018: Does Foreign Aid Promote Economic Growth in Sudan? Evidence from ARDL Bounds Testing Analysis, Economic Research Forum Working Papers.

［86］Apergis, N., Aye, G. C., Barros, C. P., Gupta, R. and Wanke, P., 2015: Energy Efficiency of Selected OECD Countries: A Slacks based Model with Undesirable Outputs, Energy Economics, Vol. 51.

［87］Araos, M., Berrang－Ford, L., Ford, J. D., Austin, S. E., Biesbroek, R. and Lesnikowski, A., 2016: Climate Change Adaptation Planning in Large Cities: A Systematic Global Assessment, Environmental Science & Policy, Vol. 66.

［88］Arndt, C., Jones, S. and Tarp, F., 2015: Assessing Foreign Aid's Long-run Contribution to Growth and Development, World Development, Vol. 69.

[89] Arvin, B. M. , Dabir – Alai, P. and Lew, B. , 2006: Does Foreign Aid Affect the Environment in Developing Economies?, Journal of Economic Development, Vol. 31, No. 1.

[90] Atici, C. , 2009: Carbon Emissions in Central and Eastern Europe: Environmental Kuznets Curve and Implications for Sustainable Development, Sustainable Development, Vol. 17, No. 3.

[91] Atteridge, A. , Siebert, C. K. , Klein, R. J. T. , Butler, C. and Tella, P. , 2009: Bilateral Finance Institutions and Climate Change: A Mapping of Climate Portfolios, Stockholm Environment Institute Working Paper.

[92] Aurenhammer, P. , 2013: Climate Aid Will Neither Support Forests Nor the Poor: No Hope for Saving the World's Forests, Journal of Sustainable Forestry, Vol. 32, No. 8.

[93] Bacha, E. L. , 1990: A Three-gap Model of Foreign Transfers and the GDP Growth Rate in Developing Countries, Journal of Development Economics, Vol. 32, No. 2.

[94] Baek, J. , 2015: Environmental Kuznets Curve for CO_2 emissions: The Case of Arctic Countries, Energy Economics, Vol. 50.

[95] Balaguer, J. and Cantavella, M. , 2018: The Role of Education in the Environmental Kuznets Curve: Evidence from Australian Data, Energy economics, Vol. 70.

[96] Beladi, H. and Oladi, R. , 2011: Does Trade Liberalization Increase Global Pollution?, Resource and Energy Economics, Vol. 33, No. 1.

[97] Betzold, C. and Weiler, F. , 2017: Allocation of Aid for Adaptation to Climate Change: Do Vulnerable Countries Receive More Support?, International Environmental Agreements: Politics, Law and Economics, Vol. 17, No. 1.

[98] Bhattacharyya, S. , Intartaglia, M. and McKay, A. , 2018: Does Energy-related Aid Affect Emissions? Evidence from a Global Dataset, Review of Development Economics, Vol. 22, No. 3.

[99] Biagini, B. and Miller, A. , 2013: Engaging the Private Sector in Adaptation to Climate Change in Developing Countries: Importance, Status, and Challenges, Climate and Development, Vol. 5, No. 3.

[100] Bolling, L. R. and Smith, C. , 2019: Private Foreign Aid: Us Philanthropy in Relief and Developlment, New York: Routledge Press.

[101] Boly, M. , 2018: CO_2 Mitigation in Developing Countries: The Role of Foreign Aid, CERDI Working Paper.

[102] Brumm, H. J. , 2003: Aid, Policies, and Growth: Brauer was Right, Cato Journal, Vol. 23, No. 2.

[103] Buchner, B. , Brown, J. and Corfee – Morlot, J. , 2011: Monitoring and Tracking Long-term Finance to Support Climate Action, OECD Working and Discussion Pa-

pers.

[104] Buchner, B., Falconer, A., Hervé – Mignucci, M., Trabacchi, C. and Brinkman, M., 2011: The Landscape of Climate Finance, Climate Policy Initiative Report.

[105] Bui, M., Fajardy, M. and Dowell, N. M., 2017: Bio – Energy with CCS (BECCS) Performance Evaluation: Efficiency Enhancement and Emissions Reduction, Applied Energy, Vol. 195.

[106] Buntaine, M. T. and Pizer, W. A., 2015: Encouraging Clean Energy Investment in Developing Countries: What Role for Aid?, Climate Policy, Vol. 15, No. 5.

[107] Burnside, C. and Dollar, D., 2000: Aid, Policies, and Growth, American Economic Review, Vol. 90, No. 4.

[108] Büthe, T., Major, S. and Souza, A. M., 2012: The Politics of Private Foreign Aid: Humanitarian Principles, Economic Development Objectives, and Organizational Interests in NGO Private Aid Allocation, International Organization, Vol. 66, No. 4.

[109] Cameron, C., 2011: Climate Change Financing and Aid Effectiveness: Ghana Case Study, OECD Report.

[110] Cao, J. and Karplus, V. J., 2014: Firm – level Determinants of Energy and Carbon Intensity in China, Energy Policy, Vol. 75.

[111] Carfora, A., Ronghi, M. and Scandurra, G., 2017: The Effect of Climate Finance on Greenhouse Gas Emission: A Quantile Regression Approach, International Journal of Energy Economics and Policy, Vol. 7, No. 1.

[112] Carfora, A. and Scandurra, G., 2019: The Impact of Climate Funds on Economic Growth and Their Role in Substituting Fossil Energy Sources, Energy Policy, Vol. 129.

[113] Carson, R. T., Jeon, Y. and McCubbin, D. R., 1997: The Relationship between Air Pollution Emissions and Income: US Data, Environment and Development Economics, Vol. 2, No. 4.

[114] Chambers, P. E. and Jensen, R. A., 2002: Transboundary Air Pollution, Environmental Aid, and Political Uncertainty, Journal of Environmental Economics and Management, Vol. 43, No. 1.

[115] Chang, T. P. and Hu, J. L., 2010: Total-factor Energy Productivity Growth, Technical Progress, and Efficiency Change: An Empirical Study of China, Applied Energy, Vol. 87, No. 10.

[116] Chao, C. C., Hu, S. W., Lai, C. C. and Tai, M. Y., 2012: Foreign Aid, Government Spending, and the Environment, Review of Development Economics, Vol. 16, No. 1.

[117] Chao, C. C. and Yu, E. S. H., 1999: Foreign Aid, the Environment, and Welfare, Journal of Development Economics, Vol. 59, No. 2.

[118] Chen, Z. and He, J., 2013: Foreign Aid for Climate Change Related Capacity

Building, WIDER Working Paper.

[119] Chong, A. and Gradstein, M. , 2008: What Determines Foreign Aid? The Donors' Perspective, Journal of Development Economics, Vol. 87, No. 1.

[120] Chung, Y. W. , Shin, K. N. and Sohn, S. H. , 2018: The Effects of Climate Technology-related Development Finance on Greenhouse Gases Reduction, Korea and the World Economy, Vol. 19, No. 2.

[121] Clemens, M. A. , Radelet, S. , Bhavnani, R. R. and Bazzi, S. , 2011: Counting Chickens When They Hatch: Timing and the Effects of Aid on Growth, The Economic Journal, Vol. 122, No. 561.

[122] Conway, D. and Mustelin, J. , 2014: Strategies for Improving Adaptation Practice in Developing Countries, Nature Climate Change, Vol. 4, No. 5.

[123] Cook, J. , Oreskes, N. , Doran, P. T. , Anderegg, W. R. L. , Verheggen, B. , Maibach, E. W. , Carlton, J. S. , Lewandowsky, S. , Skuce, A. G. and Green, S. A. , 2016: Consensus on Consensus: A Synthesis of Consensus Estimates on Human-caused Global Warming, Environmental Research Letters, Vol. 11, No. 4.

[124] Copeland, B. R. and Taylor, M. S. , 1994: North – South Trade and the Environment, The Quarterly Journal of Economics, Vol. 109, No. 3.

[125] Decanio, S. J. and Lee, K. N. , 1991: Doing Well by Doing Good: Technology Transfer to Protect the Ozone, Policy Studies Journal, Vol. 19, No. 2.

[126] Dickey, D. A. and Fuller, W. A. , 1979: Distribution of the Estimators for Autoregressive Time Series with A Unit Root, Journal of the American Statistical Association, Vol. 74, No. 366a.

[127] Dinda, S. , 2004: Environmental Kuznets Curve Hypothesis: A Survey, Ecological Economics, Vol. 49, No. 4.

[128] Dogan, E. and Seker, F. , 2016: Determinants of CO_2 Emissions in the European Union: The Role of Renewable and Non-renewable Energy, Renewable Energy, Vol. 94.

[129] Dogan, E. and Turkekul, B. , 2016: CO_2 Emissions, Real Output, Energy Consumption, Trade, Urbanization and Financial Development: Testing the EKC Hypothesis for the USA, Environmental Science and Pollution Research, Vol. 23, No. 2.

[130] Donner, S. D. , Kandlikar, M. and Webber, S. , 2016: Measuring and Tracking the Flow of Climate Change Adaptation Aid to the Developing World, Environmental Research Letters, Vol. 11, No. 5.

[131] Driscoll, J. and Kraay, A. C. , 1998: Consistent Covariance Matrix Estimation with Spatially Dependent Data, Review of Economics and Statistics, Vol. 80, No. 1.

[132] Duro, J. A. , 2015: The International Distribution of Energy Intensities: Some Synthetic Results, Energy Policy, Vol. 83.

［133］ Easterly, W. , 2003: Can Foreign Aid Buy Growth?, Journal of Economic Perspectives, Vol. 17, No. 3.

［134］ Ellis, J. , Caruso, R. and Ockenden, S. , 2013: Exploring Climate Finance Effectiveness, OECD/IEA Climate Change Expert Group Papers.

［135］ IEA, 2015: Energy and Climate Change: World Energy Outlook Special Briefing for COP21, International Energy Agency Report.

［136］ Ertugrul, H. M. , Cetin, M. , Seker, F. and Dogan, E. , 2016: The Impact of Trade Openness on Global Carbon Dioxide Emissions: Evidence from the Top Ten Emitters among Developing Countries, Ecological Indicators, Vol. 67.

［137］ Farag, M. , Nandakumar, A. K. , Wallack, S. S. , Gaumer, G. and Hodgkin, D. , 2009: Does Funding From Donors Displace Government Spending for Health in Developing Countries?, Health Affairs, Vol. 28, No. 4.

［138］ Ferroni, M. , 2000: Reforming Foreign Aid: The Role of International Public Goods, Operations Evaluation Department Working Paper.

［139］ Feyzioglu, T. , Swaroop, V. and Zhu, M. , 1998: A Panel Data Analysis of the Fungibility of Foreign Aid, The World Bank Economic Review, Vol. 12, No. 1.

［140］ Fodha, M. and Zaghdoud, O. , 2010: Economic Growth and Pollutant Emissions in Tunisia: An Empirical Analysis of the Environmental Kuznets Curve, Energy Policy, Vol. 38, No. 2.

［141］ Frank, A. G. , 1970: Latin America and Underdevelopment, New York: NYU Press.

［142］ French, H. F. , 1992: Strengthening Global Environmental Governance. In Vanishing Borders: Protecting the Planet in the Age of Globalization, New York: Routledge Press.

［143］ Gerstlberger, W. , Knudsen, M. P. , Dachs, B. and Schröter, M. , 2016: Closing the Energy-efficiency Technology Gap in European Firms? Innovation and Adoption of Energy Efficiency Technologies, Journal of Engineering and Technology Management, Vol. 40.

［144］ Gibson, C. C. , Andersson, K. , Ostrom, E. and Shivakumar, S. , 2005: The Samaritan's Dilemma: The Political Economy of Development Aid, New York: Oxford University Press.

［145］ Gopalan, S. and Rajan, R. S. , 2016: Has Foreign Aid been Effective in the Water Supply and Sanitation Sector? Evidence from Panel Data, World Development, Vol. 85.

［146］ Gough, I. , 2011: Climate Change, Double Injustice and Social Policy: A Case Study of the United Kingdom. UNRISD Ooccasional Paper.

［147］ Grazi, F. , Bergh, J. C. J. M. and Ommeren, J. N. , 2008: An Empirical Analysis of Urban Form, Transport, and Global Warming, Energy Journal, Vol. 29, No. 4.

[148] Grimaud, A. and Rougé, L., 2005: Polluting Non-renewable Resources, Innovation and Growth: Welfare and Environmental Policy, Resource and Energy Economics, Vol. 27, No. 2.

[149] Grossman, C. and Krueger, A. B., 1991: Environmental Impacts of a North American Free Trade Agreement, NBER Working Paper.

[150] Gupta, J., 2014: The History of Global Climate Governance, Cambridge: Cambridge University Press.

[151] Hadjiyiannis, C., Hatzipanayotou, P. and Michael, M. S., 2013: Competition for Environmental Aid and Aid Fungibility, Journal of Environmental Economics and Management, Vol. 65, No. 1.

[152] Halimanjaya, A. and Papyrakis, E., 2012: Donor Characteristics and the Supply of Climate Change Aid, DEV Working Paper.

[153] Halimanjaya, A., 2015: Climate Mitigation Finance across Developing Countries: What are the Major Determinants?, Climate Policy, Vol. 15, No. 2.

[154] Hattori, T., 2001: Reconceptualizing Foreign Aid, Review of International Political Economy, Vol. 8, No. 4.

[155] Hatzipanayotou, P., Lahiri, S. and Michael, M. S., 2002: Can Cross-border Pollution Reduce Pollution?, Canadian Journal of Economics/Revue Canadienne D'économique, Vol. 35, No. 4.

[156] Heil, M. T. and Selden, T. M., 2001: International Trade Intensity and Carbon Emissions: A Cross-country Econometric Analysis, The Journal of Environment & Development, Vol. 10, No. 1.

[157] Hicks, R. L., Parks, B. C. and Roberts, J. T., 2010: Greening Aid?: Understanding the Environmental Impact of Development Assistance, New York: Oxford University Press.

[158] Hillebrand, E. and Hillebrand, M., 2019: Optimal Climate Policies in a Dynamic Multi-country Equilibrium Model, Journal of Economic Theory, Vol. 179.

[159] Hirazawa, M. and Yakita, A., 2005: A Note on Environmental Awareness and Cross-border Pollution, Environmental and Resource Economics, Vol. 30, No. 4.

[160] Hossain, M. S., 2011: Panel Estimation for CO_2 Emissions, Energy Consumption, Economic Growth, Trade Openness and Urbanization of Newly Industrialized Countries, Energy Policy, Vol. 39, No. 11.

[161] Hu, J. L. and Wang, S. C., 2006: Total-factor Energy Efficiency of Regions in China, Energy policy, Vol. 34, No. 17.

[162] Huang, Z., Wei, Y. M., Wang, K. and Liao, H., 2017: Energy Economics and Climate Policy Modeling, Annals of Operations Research, Vol. 255.

[163] IPCC, 2007: AR4 Climate Change 2007: Synthesis Report, IPCC Report.

[164] IPCC, 2014: AR5 Synthesis Report: Climate Change 2014, IPCC Report.

[165] Jones, S., Page, J., Shimeles, A. and Tarp, F., 2015: Aid, Growth and Employment in Africa, African Development Review, Vol. 27, No. S1.

[166] Junghans, L. and Harmeling, S., 2012: Different Tales from Different Countries: A First Assessment of the OECD 'Adaptation Marker', Germanwatch Briefing Paper.

[167] Kahia, M., Kadria, M. and Aïssa, M. S. B., 2016: What Impacts of Renewable Energy Consumption on CO_2 Emissions and the Economic and Financial Development? A Panel Data Vector Autoregressive (PVAR) Approach, 2016 7th International Renewable Energy Congress.

[168] Karras, G., 2006: Foreign Aid and Long-run Economic Growth: Empirical Evidence for A Panel of Developing Countries, Journal of International Development, Vol. 18, No. 1.

[169] Kim, J. E., 2018: Technological Capacity Building through Energy Aid: Empirical Evidence from Renewable Energy Sector, Energy policy, Vol. 122.

[170] Kim, J. E., 2019: Sustainable Energy Transition in Developing Countries: The Role of Energy Aid Donors, Climate Policy, Vol. 19, No. 1.

[171] Kitano, N. and Harada, Y., 2016: Estimating China's Foreign Aid 2001 – 2013, Journal of International Development, Vol. 28, No. 7.

[172] Klein, R. J. T., 2010: Linking Adaptation and Development Finance: A Policy Dilemma not Addressed in Copenhagen, Climate and Development, Vol. 2, No. 3.

[173] Klöck, C., Molenaers, N. and Weiler, F., 2018: Responsibility, Capacity, Greenness or Vulnerability? What Explains the Levels of Climate Aid Provided by Bilateral Donors?, Environmental Politics, Vol. 27, No. 5.

[174] Knack, S. and Rahman, A., 2007: Donor Fragmentation and Bureaucratic Quality in Aid Recipients, Journal of Development Economics, Vol. 83, No. 1.

[175] Kodama, M., 2012: Aid Unpredictability and Economic Growth, World Development, Vol. 40, No. 2.

[176] Koenker, R. and Bassett, Jr. G., 1978: Regression Quantiles, Econometrica, Vol. 46, No. 1.

[177] Koenker, R., 2004: Quantile Regression for Longitudinal Data, Journal of Multivariate Analysis, Vol. 91, No. 1.

[178] Kozul – Wright, R. and Fortunato, P., 2012: International Trade and Carbon Emissions, The European Journal of Development Research, Vol. 24, No. 4.

[179] Kretschmer, B., Hübler, M. and Nunnenkamp, P., 2013: Does Foreign Aid Reduce Energy and Carbon Intensities of Developing Economies?, Journal of International Development, Vol. 25, No. 1.

[180] Krishnan, T. S., 2016: Does Better Environmental Governance Reduce Anthro-

pogenic Carbon Dioxide Emission? A Cross-country Analysis, Law, Vol. 12, No. 1.

[181] Lancaster, C. , 2008: Foreign Aid: Diplomacy, Development, Domestic Politics, Chicago: University of Chicago Press.

[182] Levy, M. A. , Keohane, R. O. and Haas, P. M. , 1993: Improving the Effectiveness of International Environmental Institutions, Cambridge: MIT Press.

[183] Lim, S. , Menaldo, V. and Prakash, A. , 2015: Foreign Aid, Economic Globalization, and Pollution, Policy Sciences, Vol. 48, No. 2.

[184] Lin, B. and Ahmad, I. , 2017: Analysis of Energy Related Carbon Dioxide Emission and Reduction Potential in Pakistan, Journal of Cleaner Production, Vol. 143.

[185] Lindner, M. , Maroschek, M. , Netherer, S. , Kremer, A. , Barbati, A. , Garcia – Gonzalo, J. , Seidl, R. , Delzon, S. , Corona, P. , Kolström, M. , Lexer, M. J. and Marchetti, M. , 2010: Climate Change Impacts, Adaptive Capacity, and Vulnerability of European Forest Ecosystems, Forest Ecology and Management, Vol. 259, No. 4.

[186] Arvin, B. M. and Lew, B. , 2009: Foreign Aid and Ecological Outcomes in Poorer Countries: An Empirical Analysis, Applied Economics Letters, Vol. 16, No. 3.

[187] Marcoux, C. , Parks, B. C. , Peratsakis, C. M. , Roberts, J. T. and Tierney, M. J. , 2013: Environmental and Climate Finance in A New World: How Past Environmental Aid Allocation Impacts Future Climate Aid, WIDER Working Paper.

[188] Marquardt, J. , Steinbacher, K. and Schreurs, M. , 2016: Driving Force or Forced Transition? The Role of Development Cooperation in Promoting Energy Transitions in the Philippines and Morocco, Journal of Cleaner Production, Vol. 128.

[189] Martens, B. , Mummert, U. , Murrell, P. and Seabright, P. , 2002: The Institutional Economics of Foreign Aid, Cambridge: Cambridge University Press.

[190] Martínez – Zarzoso, I. and Maruotti, A. , 2011: The Impact of Urbanization on CO_2 Emissions: Evidence from Developing Countries, Ecological Economics, Vol. 70, No. 7.

[191] Masih, J. , 2010: Causes and Consequences of Global Climate Change, Archives of Applied Science Research, Vol. 2, No. 2.

[192] Masud, M. M. , Al – Amin, A. Q. , Akhtar, R. , Kari, F. , Afroz, R. , Rahman, M. S. and Rahman, M. , 2015: Valuing Climate Protection by Offsetting Carbon Emissions: Rethinking Environmental Governance, Journal of Cleaner Production, Vol. 89.

[193] McLean, E. V. and Whang, T. , 2016: Foreign Aid and Government Survival, The Korean Journal of International Studies, Vol. 14, No. 2.

[194] Mert, M. and Bölük, G. , 2016: Do Foreign Direct Investment and Renewable Energy Consumption Affect the CO_2 Emissions? New Evidence from A Panel ARDL Approach to Kyoto Annex Countries, Environmental Science and Pollution research, Vol. 23, No. 21.

[195] Michaelowa, A. , 2012: Carbon Markets or Climate Finance: Low Carbon and

Adaptation Investment Choices for the Developing World. New York: Routledge Press.

[196] Michaelowa, A. and Michaelowa, K., 2009: Does Human Development Really Require Greenhouse Gas Emissions?, Ministry for Foreign Affairs of Finland.

[197] Michaelowa, A. and Michaelowa, K., 2011: Coding Error or Statistical Embellishment? The Political Economy of Reporting Climate Aid, World Development, Vol. 39, No. 11.

[198] Michaelowa, K. and Michaelowa, A., 2012: Development Cooperation and Climate Change: Political-economic Determinants of Adaptation Aid, New York: Routledge Press.

[199] Miller, D. C., 2014: Explaining Global Patterns of International Aid for Linked Biodiversity Conservation and Development, World Development, Vol. 59.

[200] Milner, H. V. and Tingley, D., 2013: Introduction to the Geopolitics of Foreign Aid. In Geopolitics of Foreign Aid, UK: Edward Elgar Publishing.

[201] Misra, A. K. and Verma, M., 2015: Impact of Environmental Education on Mitigation of Carbon Dioxide Emissions: A Modelling Study, International Journal of Global Warming, Vol. 7, No. 4.

[202] Mohamed, B., 2018: CO_2 Mitigation in Developing Countries: The Role of Foreign Aid, CERDI Working Paper.

[203] Namhata, C., 2018: Climate Aid: A Conceptual and Empirical Investigation, Doctoral dissertation, University of Zurich.

[204] Narayan, D., 1994: Contribution of People's Participation: Evidence from 121 Rural Water Supply Projects, The World Bank.

[205] Nasir, M. and Rehman, F. U., 2011: Environmental Kuznets Curve for Carbon Emissions in Pakistan: An Empirical Investigation, Energy Policy, Vol. 39, No. 3.

[206] Neira, M., Campbell – Lendrum, D., Maiero, M., Dora, C. and Bustreo, F., 2014: Health and Climate Change: the End of the Beginning?, The Lancet, Vol. 384, No. 9960.

[207] Neumayer, E., 2002: Can Natural Factors Explain Any Cross-country Differences in Carbon Dioxide Emissions?, Energy Policy, Vol. 30, No. 1.

[208] Newell, P. and Bulkeley, H., 2017: Landscape for Change? International Climate Policy and Energy Transitions: Evidence from Sub – Saharan Africa, Climate Policy, Vol. 17, No. 5.

[209] Nielsen, R. A., Findley, M. G., Davis, Z. S., Candland, T. and Nielson, D. L., 2011: Foreign Aid Shocks as A Cause of Violent Armed Conflict, American Journal of Political Science, Vol. 55, No. 2.

[210] Niho, Y., 1996: Effects of an International Income Transfer on the Global Environmental Quality, Japan and the World Economy, Vol. 8, No. 4.

[211] Noailly, J., 2012: Improving the Energy Efficiency of Buildings: The Impact of Environmental Policy on Technological Innovation, Energy Economics, Vol. 34, No. 3.

[212] Ohlan, R., 2015: The Impact of Population Density, Energy Consumption, Economic Growth and Trade Openness on CO_2 Emissions in India, Natural Hazards, Vol. 79, No. 2.

[213] Oladi, R. and Beladi, H., 2015: On Foreign Aid, Pollution and Abatement, Environment and Development Economics, Vol. 20, No. 6.

[214] Ouyang, J., Long, E. and Hokao, K., 2010: Rebound Effect in Chinese Household Energy Efficiency and Solution for Mitigating It, Energy, Vol. 35, No. 12.

[215] Ozatac, N., Gokmenoglu, K. K. and Taspinar, N., 2017: Testing the EKC Hypothesis by Considering Trade Openness, Urbanization, and Financial Development: The Case of Turkey, Environmental Science and Pollution Research, Vol. 24, No. 20.

[216] Ozturk, I. and Acaravci, A., 2010: CO_2 Emissions, Energy Consumption and Economic Growth in Turkey, Renewable and Sustainable Energy Reviews, Vol. 14, No. 9.

[217] Pan, X., Ai, B., Li, C., Pan, X. amd Yan, Y., 2019: Dynamic Relationship among Environmental Regulation, Technological Innovation and Energy Efficiency based on Large Scale Provincial Panel Data in China, Technological Forecasting and Social Change, Vol. 144.

[218] Panayotou, T., 1993: Empirical Tests and Policy Analysis of Environmental Degradation at Different Stages of Economic Development. International Labor Organization Working Paper.

[219] Pauw, W. P., 2015: Not a Panacea: Private-sector Engagement in Adaptation and Adaptation Finance in Developing Countries, Climate Policy, Vol. 15, No. 5.

[220] Pickering, J., Skovgaard, J., Kim, S., Roberts, T., Rossati, D., Stadelmann, M. and Reich, H., 2015: Acting on Climate Finance Pledges: Inter-agency Dynamics and Relationships with Aid in Contributor States, World Development, Vol. 68.

[221] Popp, D., 2011: International Technology Transfer, Climate Change, and the Clean Development Mechanism, Review of Environmental Economics and Policy, Vol. 5, No. 1.

[222] Radelet, S., 2006: A Primer on Foreign Aid, CGDEV Working Paper.

[223] Ramsey, F. P., 1928: A Mathematical Theory of Saving, The Economic Iournal, Vol. 38, No. 152.

[224] Roberts, J. T. and Weikmans, R., 2017: Postface: Fragmentation, Failing Trust and Enduring Tensions over What Counts as Climate Finance, International Environmental Agreements: Politics, Law and Economics, Vol. 17, No. 1.

[225] Rogner, H., 2013: The Effectiveness of Foreign Aid for Sustainable Energy and Climate Mitigation, WIDER Working Paper.

[226] Román, M. V., Arto, I. and Ansuategi, A., 2016: What Determines the Magnitude of the Economic Impact of Climate Finance in Recipient Countries? A Structural Decomposition of Value-added Creation Between Countries, BC3 Working Paper.

[227] Ryan, L., Selmet, N. and Aasrud, A., 2012: Plugging the Energy Efficiency Gap with Climate Finance, International Energy Agency Insights Series Paper.

[228] Saboori, B., Sulaiman, J. and Mohd, S., 2012: Economic Growth and CO_2 Emissions in Malaysia: A Cointegration Analysis of the Environmental Kuznets Curve, Energy Policy, Vol. 51.

[229] Saidi, K. and Mbarek, M. B., 2017: The Impact of Income, Trade, Urbanization, and Financial Development on CO_2 Emissions in 19 Emerging Economies, Environmental Science and Pollution Research, Vol. 24, No. 14.

[230] Samargandi, N., 2017: Sector Value Addition, Technology and CO_2 Emissions in Saudi Arabia, Renewable and Sustainable Energy Reviews, Vol. 78.

[231] Schenker, O. and Stephan, G., 2014: Give and Take: How the Funding of Adaptation to Climate Change Can Improve the Donor's Terms-of-trade, Ecological Economics, Vol. 106.

[232] Schmalensee, R., Stoker, T. M. and Judson, R. A., 1998: World Carbon Dioxide Emissions: 1950 – 2050, Review of Economics and Statistics, Vol. 80, No. 1.

[233] Schweinberger, A. G. and Woodland, A. D., 2008: The Short and Long Run Effects of Tied Foreign Aid on Pollution Abatement, Pollution and Employment: A Pilot Model, Journal of Environmental Economics and Management, Vol. 55, No. 3.

[234] Shafiei, S. and Salim, R. A., 2014: Non-renewable and Renewable Energy Consumption and CO_2 Emissions in OECD Countries: A Comparative Analysis, Energy Policy, Vol. 66.

[235] Shahbaz, M., Mutascu, M. and Azim, P., 2013: Environmental Kuznets Curve in Romania and the Role of Energy Consumption, Renewable and Sustainable Energy Reviews, Vol. 18.

[236] Shi, A., 2003: The Impact of Population Pressure on Global Carbon Dioxide Emissions, 1975 – 1996: Evidence from Pooled Cross-country Data, Ecological Economics, Vol. 44, No. 1.

[237] Shrestha, R. M. and Rajbhandari, S., 2010: Energy and Environmental Implications of Carbon Emission Reduction Targets: Case of Kathmandu Valley, Nepal, Energy Policy, Vol. 38, No. 9.

[238] Shuai, C., Shen, L., Jiao, L., Wu, Y. and Tan, Y., 2017: Identifying Key Impact Factors on Carbon Emission: Evidences from Panel and Time-series Data of 125 Countries from 1990 to 2011, Applied Energy, Vol. 187.

[239] Steckel, J. C., Jakob, M., Flachsland, C., Kornek, U., Lessmann, K.

and Edenhofer, O. , 2017: From Climate Finance toward Sustainable Development Finance, Wiley Interdisciplinary Reviews: Climate Change, Vol. 8, No. 1.

[240] Stranlund, J. K. , 1996: On the Strategic Potential of Technological Aid in International Environmental Relations, Journal of Economics, Vol. 64, No. 1.

[241] Tirpak, D. and Adams, H. , 2008: Bilateral and Multilateral Financial Assistance for the Energy Sector of Developing Countries, Climate Policy, Vol. 8, No. 2.

[242] Tiwari, A. K. , Shahbaz, M. and Hye, Q. M. A. , 2013: The Environmental Kuznets Curve and the Role of Coal Consumption in India: Cointegration and Causality Analysis in an Open Economy, Renewable and Sustainable Energy Reviews, Vol. 18.

[243] Tol, R. S. J. , 2002: Welfare Specifications and Optimal Control of Climate Change: An Application of Fund, Energy Economics, Vol. 24, No. 4.

[244] Tone, K. , 2004: Dealing with Undesirable Outputs in DEA: A Slacks-based Measure (SBM) Approach, Presentation at NAPW III, Toronto.

[245] Victor, D. , 2013: Foreign Aid for Capacity-building to Address Climate Change: Insights and Applications, WIDER Working Paper.

[246] Vlad, V. and Lahiri, S. , 2009: Foreign Investment and Environment in a North – South Model with Cross-border Pollution, Asia – Pacific Journal of Accounting & Economics, Vol. 16, No. 1.

[247] Waddington, C. , 2004: Does Earmarked Donor Funding Make it More or Less Likely that Developing Countries will Allocate Their Resources towards Programmes that Yield the Greatest Health Benefits?, Bulletin of the World Health Organization, Vol. 82.

[248] Wagner, D. , 2003: Aid and Trade: An Empirical Study, Journal of the Japanese and International Economies, Vol. 17, No. 2.

[249] Wang, Y. , Zhang, X. , Kubota, J. , Zhu, X. and Lu, G. , 2015: A Semiparametric Panel Data Analysis on the Urbanization-carbon Emissions Nexus for OECD Countries, Renewable and Sustainable Energy Reviews, Vol. 48.

[250] Wang, Z. , Li, H. Q. , Wu, J. , Gong, Y. , Zhang, H. and Zhao, C. , 2009: Policy Modeling on the GDP Spillovers of Carbon Abatement Policies between China and the United States, Economic Modelling, Vol. 27, No. 1.

[251] Wang, Z. , Zhu, Y. , Zhu, Y. and Shi, Y. , 2016: Energy Structure Change and Carbon Emission Trends in China, Energy, Vol. 115.

[252] Wayland, J. , 2018: Constraints on Foreign Aid Effectiveness in the Water, Sanitation, and Hygiene (WaSH) Sector, Journal of Water, Sanitation and Hygiene for Development, Vol. 8, No. 1.

[253] Weikmans, R. , Roberts, T. , Baum, J. , Bustos, M. C. and Durand, A. , 2017: Assessing the Credibility of How Climate Adaptation Aid Projects are Categorised, Development in Practice, Vol. 27, No. 4.

［254］Welle – Strand, A. and Kjøllesdal, K. , 2010: Foreign Aid Strategies: China Taking Over?, Asian Social Sceience, Vol. 6, No. 10.

［255］World Bank, 2010: World Development Report 2010: Development and Climate Change, The World Bank.

［256］Worrell, E. , Bernstein, L. , Roy, J. , Price, L. and Harnisch, J. , 2000: Industrial Energy Efficiency and Climate Change Mitigation, Energy Efficiency, Vol. 2, No. 2.

［257］Wu, J. , Tang, L. , Mohamed, R. , Zhu, Q. and Wang, Z. , 2016: Modeling and Assessing International Climate Financing, Frontiers of Earth Science, Vol. 10, No. 2.

［258］Younsi, M. , Khemili, H. and Bechtini, M. , 2019: Does Foreign Aid Help Alleviate Income Inequality? New Evidence from African Countries, International Journal of Social Economics, Vol. 46, No. 4.

［259］Yousaf, A. , Khan, H. , Erum, N. and Rasul, S. , 2016: An Analysis of Foreign Aid and Environmental Degradation in Pakistan using the ARDL Bounds Testing Technique (1972 – 2013), Environmental Economics, Vol. 7, No. 1.

［260］Zhang, Z. X. and Maruyama, A. , 2001: Towards a Private-public Synergy in Financing Climate Change Mitigation Projects, Energy Policy, Vol. 29, No. 15.

［261］Zoundi, Z. , 2017: CO_2 Emissions, Renewable Energy and the Environmental Kuznets Curve, a Panel Cointegration Approach, Renewable and Sustainable Energy Reviews, Vol. 72.